220kV输电线路钢管杆

标准化设计图集

钢管杆加工图

（适用 2×JL/G1A-630/45型钢芯铝绞线）

国网河南省电力公司经济技术研究院　组编

中国水利水电出版社

www.waterpub.com.cn

·北京·

内 容 提 要

输电线路标准化设计是国网河南省电力公司加快科学发展、建设"资源节约型、环境友好型"社会、提升技术创新能力和贯彻"两型三新一化"理念的重要体现，是实施设计标准化管理、统一电网建设标准和合理控制造价的重要手段，对提高输电线路设计、物资招标、机械化施工及运行维护等工作效率和质量将发挥重要技术支撑作用。

本书为《220kV 输电线路钢管杆标准化设计图集 钢管杆加工图（适用 2×JL/G1A - 630 /45 型钢芯铝绞线)》，共包括 1 个钢管杆子模块、8 种杆型的加工图，各加工图包括总图、横担、杆身、腿部、导地线横担连接法兰及爬梯等加工图。

本书可供电力系统各设计单位，从事电网建设工程规划、管理、施工、安装、运维、设备制造等专业人员以及院校相关专业的师生参考使用。

图书在版编目（C I P）数据

220kV输电线路钢管杆标准化设计图集. 钢管杆加工图：适用2×JL/G1A-630/45型钢芯铝绞线 / 国网河南省电力公司经济技术研究院组编. -- 北京：中国水利水电出版社，2017.3
ISBN 978-7-5170-5197-8

I. ①2… II. ①国… III. ①输电线路-钢管-工程设计-图集 IV. ①TM753-64

中国版本图书馆CIP数据核字(2017)第030879号

审图号：豫 S〔2016 年〕009 号

书 名	220kV 输电线路钢管杆标准化设计图集 钢管杆加工图（适用 2×JL/G1A - 630/45 型钢芯铝绞线） 220kV SHUDIAN XIANLU GANGGUANGAN BIAOZHUNHUA SHEJI TUJI GANGGUANGAN JIAGONG TU（SHIYONG 2×JL/G1A - 630/45 XING GANGXIN LUJIAOXIAN)	
作 者	国网河南省电力公司经济技术研究院 组编	
出版发行	中国水利水电出版社 （北京市海淀区玉渊潭南路 1 号 D 座 100038） 网址：www.waterpub.com.cn E - mail：sales@waterpub.com.cn 电话：(010) 68367658（营销中心）	
经 售	北京科水图书销售中心（零售） 电话：(010) 88383994、63202643、68545874 全国各地新华书店和相关出版物销售网点	
排 版	中国水利水电出版社微机排版中心	
印 刷	北京纪元彩艺印刷有限公司	
规 格	297mm×210mm 横 16 开本 11.75 印张 421 千字	
版 次	2017 年 3 月第 1 版 2017 年 3 月第 1 次印刷	
印 数	0001—1500 册	
定 价	366.00 元	

凡购买我社图书，如有缺页、倒页、脱页的，本社营销中心负责调换

《220kV 输电线路钢管杆标准化设计图集 钢管杆加工图（适用 2×JL/G1A－630/45 型钢芯铝绞线）》

编 委 会

主　任　　候清国

副主任　　周　凯　吴云喜

委　员　　于旭东　付红军　魏胜民　齐　涛　吴中越　孙改龙

　　　　　王　璟　吕　莉　刘湘荏　程宏伟　樊东峰　王忠强

《220kV 输电线路钢管杆标准化设计图集 钢管杆加工图（适用 2×JL/G1A－630/45 型钢芯铝绞线）》

编 制 组

主　编　　刘湘荏

副主编　　郭新菊　胡　鑫

成　员　　胡　鑫　席小娟　齐道坤　路晓军　王政伟　耿玉玲

　　　　　梁　晟　刘存凯　郭正位　李　勇　张　亮　景　川

　　　　　杨　敏　肖　波　王文峰

《220kV 输电线路钢管杆标准化设计图集　钢管杆加工图（适用 2×JL/G1A－630/45 型钢芯铝绞线）》
设计工作组

牵头单位　国网河南省电力公司经济技术研究院

成员单位　河南电力博大实业有限公司

河南鼎力杆塔股份有限公司

《220kV 输电线路钢管杆标准化设计图集 钢管杆加工图（适用 2×JL/G1A－630/45 型钢芯铝绞线）》
主要技术原则编写人员

审核	郭新菊					
校核	胡 鑫	席小娟				
编写	胡 鑫	席小娟	齐道坤	刘存凯	路晓军	梁 晟
	李 勇	景 川	郭正位	肖 波	王文峰	杨 敏
	吴 迪					

《220kV 输电线路钢管杆标准化设计图集 钢管杆加工图（适用 2×JL/G1A－630/45 型钢芯铝绞线）》
模块设计人员

审核	胡 鑫					
校核	梅志强	王玉杰				
设计	李晓东	陈军帅	闫克星	楚鹏飞	曹亚锋	闫云峰
	李波亮	魏 颖	宋 刚	戎改丽		

前言

　　《220kV 输电线路钢管杆标准化设计图集》是国网河南省电力公司标准化建设成果体系的重要组成部分。2015 年年初，在省公司领导的关心指导下、在公司建设部和科技部的大力支持下，国网河南省电力公司经济技术研究院牵头组织相关科研单位和设计院，结合河南"十三五"电网规划，在广泛调研的基础上，经专题研究和专家论证，历时一年多编制完成了《220kV 输电线路钢管杆标准化设计图集》。

　　本套书共 3 本，涵盖了河南省区域钢管杆适用的典型设计气象条件（风速 27m/s、覆冰 10mm）、常用导线型号（2×JL/G1A - 400/35、2×JL/G1A - 630/45）等技术条件，该研究成果具有安全可靠、技术先进、经济适用、协调统一等显著特点，是国网河南省电力公司标准化体系建设的又一重大研究成果，对指导河南省区域乃至全国 220kV 输电线路标准化体系建设、提高电网建设的质量和效率都将发挥积极推动和技术引领的作用。

　　本书在编制过程中得到了国网河南省电力公司相关部门的大力支持，在此谨表感谢。

　　由于编者水平有限，书中难免存在不足之处，敬请广大读者给予指正。

编者

2017 年 3 月

目录

第1章

概述

1.1 目的和意义

根据国家电网公司"集团化运作、集约化发展、精益化管理、标准化建设"的总体要求,国网河南省电力公司在广泛开展调研的基础上,积极推进"大建设"和电网标准化管理体系建设,以科技创新和标准化管理为着重点,以提高电网建设工作质量和效率为出发点,不断提升理论研究集成创新能力和成果应用转化能力。

为统一输电线路设计技术标准、提高工作效率、降低工程造价,贯彻"资源节约型、环境友好型"的设计理念,推进技术创新成果标准化设计的应用转化,开展220kV输电线路钢管杆的标准化设计工作,对强化集约化管理,统一建设标准、统一材料规格、规范设计程序,提高设计、评审、招标、机械化施工的工作效率和工作质量,降低工程造价,实现资源节约、环境友好和全寿命周期建设目标均起到重要的技术支撑作用,是对国家电网公司输变电工程标准化设计成果的重要补充。

1.2 总体原则

本次标准化设计在参考国家电网公司现有通用设计的研究成果,并广泛调研河南省电网区域特点和220kV输电线路的建设实践经验的基础上,经过设计优化和集成创新,形成具有可靠性、先进性、经济性、通用性和适应性的

220kV输电线路钢管杆标准化设计成果。

本标准化设计在研究过程中贯彻执行国家电网公司全寿命周期和"两型三新一化"的设计理念,坚持安全可靠、技术先进、资源节约、环境友好、经济合理和全寿命周期成本优化的设计原则,确保研究成果的可靠性、先进性、经济性、统一性、适应性和灵活性。

(1)可靠性:结合河南省区域自然环境、气象条件和经济社会发展状况,在充分调研的基础上,经技术经济比选,优化杆型设计,确保杆塔安全可靠。

(2)先进性:在全面应用国家电网公司现有标准化设计成果的基础上,提高设计集成创新能力,积极采用"新材料、新技术、新工艺",形成技术先进的标准化研究成果。

(3)经济性:全面贯彻全寿命周期研究理念,综合考虑工程初期投资和长期运行费用,合理规划杆塔型式、杆头布置,以及根、梢径取值范围,确保最佳的经济社会效益和技术水平。

(4)统一性:依据最新规程、规范,参照国家电网公司标准化设计成果,统一设计技术标准和设备采购标准。

(5)适应性:本标准化成果主要适用于以平地地形(海拔1000m以下)为主且走廊受限制地区的220kV输电线路工程。

(6)灵活性:合理划分杆塔模块、转角度数等边界技术条件,设计和施工更加便捷和灵活。

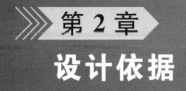

第2章
设计依据

2.1 主要规程规范

本标准化设计主要按照以下规程规范执行：

GB 50545—2010《110~750kV架空输电线路设计规范》

DL/T 5154—2012《架空输电线路杆塔结构设计技术规定》

DL/T 5130—2001《架空送电线路钢管杆设计技术规定》

GB/T 1179—2008《圆线同心绞线架空导线》

GB/T 16434—1996《高压架空送电线路和发电厂、变电所环境污区分级及外绝缘选择标准》

GB 50017—2003《钢结构设计规范》

GB 50009—2012《建筑结构荷载规范》

DL/T 5442—2010《输电线路铁塔制图和构造规定》

GB/T 700—2006《碳素钢结构》

GB/T 1591—2008《低合金高强度结构钢》

GB/T 3098.1—2010《紧固件机械性能 螺栓、螺钉和螺柱》

GB/T 3098.2—2000《紧固件机械性能 螺母 粗牙螺纹》

2.2 国家电网公司有关规定

国家电网安监〔2009〕664号《关于印发〈国家电网公司电力安全工作规程（线路部分）〉的通知》

国家电网科〔2009〕642号《关于印发〈输变电工程建设标准强制性条文实施管理规程〉的通知》

基建质量〔2010〕19号《关于印发〈国家电网公司输变电工程质量通病防治工作要求及技术措施〉的通知》

国家电网基建〔2010〕755号《关于印发〈国家电网公司新建输电线路防舞设计要求〉的通知》

国家电网科〔2011〕12号《关于印发〈协调统一基建类和生产类标准差异条款〉的通知》

国家电网生〔2012〕352号《关于印发〈国家电网公司十八项电网重大反事故措施（修订版）〉的通知》

国家电网基建〔2012〕386号《关于印发国家电网公司输变电工程提高设计使用寿命指导意见（试行）的通知》

国家电网基建〔2012〕1049号《关于印发〈国家电网公司输电线路跨（钻）越高铁设计技术要求〉的通知》

国家电网基建〔2012〕1947号《国家电网公司关于发布输变电工程设计质量控制技术问题清单（2013年版）的通知》

国家电网基建技术〔2014〕10号《国网基建部关于加强新建输变电工程防污闪等设计工作的通知》

国家电网基建技术〔2014〕1131号《国家电网公司关于明确输变电工程"两型三新一化"建设技术要求的通知》

国家电网运检〔2016〕413号《国家电网公司关于印发架空输电线路"三跨"重大反事故措施（试行）的通知》

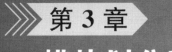

第 3 章
模块划分和分工

3.1 划分原则

结合河南省电网特点、气象条件和地形地貌等区域特点，在充分调研的基础上，确定以下杆塔模块划分原则：

本标准化设计以 30 年重现期、风速 27m/s（10m 基准高）、覆冰厚度 10mm、海拔低于 1000m 线路和走廊受限区域的平地为主要设计边界条件，针对 220kV 输电线路钢管杆适用的地形及气象条件、电压等级、导线截面、回路数、杆塔型式、地线架设型式、适用档距、挂线点型式以及杆段连接方式，通过技术经济比较，合理划分杆型模块。

3.1.1 电压等级

本标准化设计仅对 220kV 电压等级的输电线路钢管杆进行研究。

3.1.2 回路数

结合河南省区域电网特点和前期调研情况，按照线路走廊受限区域集约化设计原则，本标准化设计仅考虑 220kV 电压等级的同杆双回架设方式。

3.1.3 导线截面

根据国家电网公司标准化设计指导原则，结合河南省电网"十三五"发展规划，经过技术经济综合比选，本标准化设计 220kV 输电线路导线按 $2 \times JL/G1A - 400mm^2$、$2 \times JL/G1A - 630mm^2$ 两种标称截面进行选取。

3.1.4 杆塔型式

本标准化设计采用钢管杆（单杆，以下同），根据技术先进、安全可靠和经济合理的原则，经技术经济优化比选，杆体选用正十六边形截面型式，双回

路均采用鼓形排列方式，直线钢管杆杆身锥度按 1/65 考虑，耐张钢管杆杆身锥度按 $1/30 \sim 1/45$ 范围合理取值。

3.1.5 气象条件

根据调研结果，结合河南省区域气象特征和典型气象区的气象参数，本标准化设计设计风速取 27m/s（对地 10m），设计覆冰厚度取 10mm。

3.1.6 地形条件

本标准化设计适用于海拔在 1000m 以下的 220kV 输电线路走廊受限制区域。

3.1.7 地线截面

本标准化设计地线配合按如下原则选择：

导线截面为 $2 \times JL/G1A - 400mm^2$ 的钢管杆地线选用 JLB40 - 120 型铝包钢绞线；导线截面为 $2 \times JL/G1A - 630mm^2$ 的钢管杆地线选用 JLB40 - 150 型铝包钢绞线。

3.1.8 适用档距

根据调研和线路档距优化配置结果，结合河南省区域电网发展特点，经过技术经济比较，本标准化设计 I 型直线钢管杆水平档距取 200m、垂直档距均取 250m；II 型直线钢管杆水平档距取 250m、垂直档距取 300m；跨越用直线钢管杆水平档距取 250m、垂直档距取 350m；耐张钢管杆水平档距取 220m、垂直档距取 280m。

3.1.9 挂线点型式

直线钢管杆导线挂点按照单/双悬垂挂点设计，地线按照单挂点设计；耐张钢管杆导、地线及跳线均按单挂点设计。

本标准化设计在耐张钢管杆横担导、地线挂点处均预留施工挂孔。

3.1.10 杆段连接方式

根据调研结果，并广泛征求设计、施工单位以及国网河南省电力公司相关部门意见，本标准化设计钢管杆杆段、横担与杆身、杆身与基础均按法兰连接方式考虑。

3.2 划分和编号

根据钢管杆杆型使用特点，结合导线截面、气象条件、回路数和适用区域等因素，本标准化设计共划分为 2 个杆塔子模块，16 种杆型，见表 3.1。

表 3.1　　　　　　　　总模块划分一览表

编号	模块	导线型号	风速 /(m/s)	覆冰 /mm	回路数	适用区域
1	2GGE3	2×JL/G1A-400/35	27	10	双	线路走廊受限等区域
2	2GGF3	2×JL/G1A-630/45	27	10	双	线路走廊受限等区域

杆型编号由下述 3 部分组成：[模块编号]-[杆型名称][系列号]。

（1）模块编号：由 4 组数据组成，对应于标准化设计的各个模块。

第一组为电压等级：2——220kV。

第二组为杆塔代号：GG——钢管杆。

第三组为模块代号：E、F。

第四组为子模块代号：3。

（2）杆型名称：该部分按以下两种情况考虑。

直线钢管杆部分：SZG——双回路直线钢管杆。

转角杆部分：SJG——双回路转角（耐张、承力）钢管杆。

（3）系列号：1、2、3、4、5、…、K，即杆型系列号。

例如，2GGE3-SZG2 表示：220kV E3 模块-双回路直线 2 型直线钢管杆。

3.3 设计分工

本标准化设计根据导线截面共分 2 个子模块、16 种杆型，具体参与单位及承担设计内容详见表 3.2。

表 3.2　　　　　　参与单位及承担内容划分表

序号	参编单位	负责内容
1	国网河南省电力公司经济技术研究院	组织策划、技术总负责
2	河南电力博大实业有限公司	技术负责、2GGF3 模板设计
3	河南鼎力杆塔股份有限公司	2GGE3 模块设计

第4章
主要设计原则和方法

4.1 设计气象条件

按照安全可靠、通用适用的原则，结合 GB 50545—2010《110～750kV 架空输电线路设计规范》（简称"设计规范"）典型气象区气象参数进行适当归并、制定。

4.1.1 气象条件重现期

依据设计规范"4.0.1 110～330kV 输电线路及其大跨越重现期应取 30 年"规定，本标准化气象条件重现期按 30 年设计。

4.1.2 最大风速取值

根据河南省各地市气象站气象资料汇总统计分析，气象记录最大风速在 24～26m/s 之间的气象站占 90％以上。依据 GB 50009—2012《建筑结构荷载规范》全国基本风压分布图，河南省大部分区域位于基本风压 0.3～0.4kN/m² 区间内，换算出河南省最大风速在 24～25.5m/s 之间。

依据设计规范"4.0.4 110～330kV 输电线路基本风速不宜低于 23.5m/s"设计规定，本标准化设计基本风速按 27m/s 选取（距地 10m 高度）。

4.1.3 覆冰厚度取值

依据《河南省 30 年一遇电网冰区分布图》（2013 年）可知，河南省 0～10mm 覆冰地域约占 85％，10mm 以上覆冰地域约占 15％（多位于河南省西部和南部山区）。河南省冰区分布详见图 4.1。

根据河南省 30 年一遇电网冰区分布图，结合调研情况，本标准化设计覆冰厚度取 10mm。

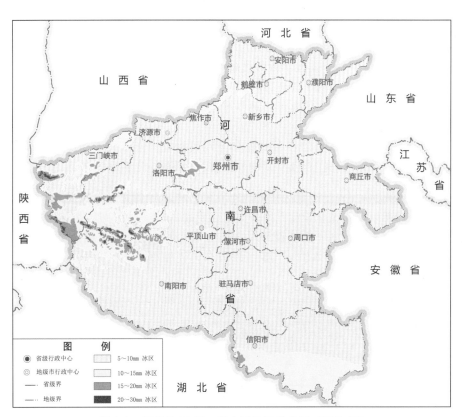

图 4.1 河南省 30 年一遇电网冰区分布图（2013 年）

4.1.4 最高气温

参照河南省气象日照站的实际观测数据，全省最高气温月平均气温在

36～38℃之间，参照设计规范典型气象区参数，本标准化设计最高气温取40℃。

4.1.5 年平均气温

河南省年平均气温一般在12.8～15.5℃之间，且南部高于北部，东部高于西部。豫西山地和太行山地因地势较高，气温偏低，年平均气温在13℃以下；南阳盆地因伏牛山阻挡，北方冷空气势力减弱，淮南地区由于位置偏南，年平均气温均在15℃以上，成为全省两个比较稳定的暖温区。

全省冬季寒冷，最冷月（多为1月、2月）平均气温在0℃左右（南部在0℃以上，如信阳为2.3℃；北部在0℃以下，郑州为－0.3℃）。春季4月气温上升较快，豫西山区升至13～14℃，黄淮平原可达15℃左右。夏季炎热（多为7月、8月），平均气温分布比较均匀，除西部山区因垂直高度的影响，平均气温在26℃以下外，其他广大地区都在27～28℃之间。秋季气温开始下降，10月平均气温山地下降到13～14℃，平原下降到15～16℃，而南阳盆地和淮南地区都在16℃以上。河南省各地年平均地温悬殊不大，一般为15～17℃。北部略低，南部稍高。

依据设计规范"4.0.10 当地区年平均气温在3～17℃时，宜取与年平均气温临近的5的倍数值"规定，本标准化设计年平均气温取15℃。

4.1.6 结论

综上分析，本标准化设计气象条件重现期按30年一遇、设计风速取27m/s、覆冰厚度取10mm。各子模块操作过电压和雷电过电压的对应风速按设计规范中的规定进行取值。具体设计气象条件组合，详见表4.1。

表4.1 　　　　　　　标准化设计气象条件

冰 风 组 合 条 件		Ⅰ型
大气温度/℃	最高	40
	最低	－20
	覆冰	－5
	基本风速	－5
	安装	－10
	雷过电压	15
	操作过电压	15
	年平均气温	15

续表

冰 风 组 合 条 件		Ⅰ型
风速/(m/s)	基本风速	27
	覆冰	10
	安装	10
	雷过电压	10
	操作过电压	15
覆冰厚度/mm		10
冰的密度/(g/mm²)		0.9

注　杆塔地线支架按导线设计覆冰厚度增加5mm工况进行强度校验。

4.2　导线和地线

目前我国导线标准采用GB/T 1179—2008《圆线同心绞线架空导线》，参照国家电网公司标准物料导、地线参数及相关技术要求，本标准化设计导线选用JL/G1A－400/35、JL/G1A－630/45型钢芯铝绞线，双分裂设计。依据河南省区域电网特点，220kV输电线路导线绝大多数采用水平排列方式，故本标准化设计导线排列方式按水平排列方式设计。

目前《国家电网公司输变电工程通用设计110(66)、220kV输电线路金具图册》(2011年版)中JL/G1A－400/35导线分裂间距有400mm、500mm两种，JL/G1A－630/45分裂间距有500mm、600mm两种。根据河南省220kV输电线路现有设计和运行情况，本标准化设计JL/G1A－400/35导线分裂间距取400mm；JL/G1A－630/45分裂间距取500mm。

同时参照《国家电网公司输变电工程通用设计110（66）、220kV输电线路金具图册》(2011年版)中相关模块设计条件，本次标准化地线选用JLB40－120和JLB40－150铝包钢绞线。

输电线路地线应需满足其机械强度和导地线配合等相关技术要求，当采用OPGW作为地线时，还应根据系统短路热容量对地线进行校验，并满足钢管杆地线支架强度要求。

导线和地线具体参数可参考表4.2和表4.3。

表4.2 　　　　　　　导线技术参数及机械特性

型　　　号		JL/G1A－400/35	JL/G1A－630/45
根数/直径/mm	钢	7/2.50	7/2.81
	铝	48/3.22	45/4.22

型　号		JL/G1A-400/35	JL/G1A-630/45
计算截面/mm²	钢	34.36	43.6
	铝	390.88	630.0
	总计	425.24	674.0
外径/mm		26.8	33.8
额定抗拉力/kN		≥103.67	≥150.45
计算重量/(kg/km)		1347.5	2079.2
弹性模量/(kN/mm²)		65.0	63.0
温度线膨胀系数/(1/℃)		0.0000205	0.0000209

表 4.3　　　　　地线技术参数及机械特性

型　号	JLB40-120	JLB40-150
结构/(根/mm)	19/2.85	19/3.15
计算截面积/mm²	121.21	148.07
外径/mm	14.25	15.75
单位长度重量/(kg/km)	570.3	696.7
绞线破断拉力/kN	≥74.18	≥90.62
弹性模量/GPa	103.6	103.6
线膨胀系数/(1/℃)	15.5×10⁻⁶	15.5×10⁻⁶

4.3　安全系数选定

4.3.1　导线安全系数的确定

导线安全系数的合理选取主要受设计气象条件、地形、档距以及经济性等因素影响，经技术经济综合比选后确定合理的安全系数取值。

4.3.1.1　气象条件

设计气象条件要素取值为：高温 40℃，最低气温 -20℃，年平均气温 15℃，基本风速 27m/s，覆冰厚度 10mm。

4.3.1.2　地形

海拔为 1000m 以下的 220kV 输电线路走廊受限制区域。

4.3.1.3　档距

Ⅰ型直线钢管杆水平档距取 200m、垂直档距均取 250m；Ⅱ型直线钢管杆水平档距取 250m、垂直档距取 300m；跨越用直线钢管杆水平档距取 250m、垂直档距取 350m；耐张钢管杆水平档距取 220m、垂直档距取 280m。

4.3.1.4　经济性

考虑设计气象条件、地形和档距等影响因素，对导线安全系数不同取值（K＝5.0、6.0、7.0、8.0）进行经济性分析。

（1）技术方案比选。假定条件：线路耐张长度为 2km（根据前期调研和走廊受限情况而定），以 2×JL/G1A-630/45 型钢芯铝绞线、Ⅰ型直线钢管杆型为例。

1）杆塔基数不变、导线对地安全距离不小于 18m 时，不同导线安全系数取值条件下杆塔呼高变化情况见表 4.4。

表 4.4　　杆塔基数不变时不同导线安全系数取值条件下杆塔呼高变化

导线安全系数	水平档距/m	垂直档距/m	直线钢管杆呼高/m	耐张钢管杆/m	直线钢管杆基	耐张钢管杆基
5	200	250	27	24	8	2
6	200	250	30	27	8	2
7	200	250	30	27	8	2
8	200	250	33	30	8	2

2）杆塔呼高不变、导线对地安全距离不小于 18m 时，不同导线安全系数取值条件下耐张段内杆塔基数变化情况见表 4.5。

表 4.5　　杆塔呼高不变时不同导线安全系数取值条件下耐张段内杆塔基数变化

导线安全系数	水平档距/m	垂直档距/m	直线钢管杆呼高/m	耐张钢管杆/m	直线钢管杆基	耐张钢管杆基
5	200	250	27	24	8	2
6	200	250	27	24	9	2
7	200	250	27	24	10	2
8	200	250	27	24	11	2

（2）经济性分析。

1）杆塔基数不变、导线对地安全距离不小于 18m 时，不同导线安全系数取值条件下投资分析见表 4.6。

2）杆塔呼高不变、导线对地安全距离不小于 18m 时，不同导线安全系数取值条件下投资分析见表 4.7。

表 4.6　杆塔基数不变时不同导线安全系数取值条件下投资比较

表 4.6　杆塔基数不变时不同导线安全系数取值条件下投资比较

安全系数	基数		单价/万元					耐张段内杆塔及基础造价/万元					
	直线杆	耐张杆	直线杆	1型耐张杆	2型耐张杆	3型耐张杆	4型耐张杆	1、2组合线路	2、3组合线路	3、4组合线路	1、4组合线路	2、4组合线路	1、3组合线路
5	8	2	16.66	26.50	27.80	38.96	54.00	187.54	200.00	226.20	213.74	215.04	198.70
6	8	2	18.21	25.10	27.61	39.02	51.84	198.42	212.34	236.57	222.65	225.16	209.83
7	8	2	17.95	22.85	26.01	36.08	46.06	192.44	205.67	225.72	212.50	215.65	202.51
8	8	2	19.39	25.68	26.85	37.07	47.22	207.63	219.02	239.39	228.00	229.16	217.86

表 4.7　杆塔呼高不变时不同导线安全系数取值条件下投资比较

安全系数	基数		单价/万元					耐张段内杆塔及基础造价/万元					
	直线杆	耐张杆	直线杆	1型耐张杆	2型耐张杆	3型耐张杆	4型耐张杆	1、2组合线路	2、3组合线路	3、4组合线路	1、4组合线路	2、4组合线路	1、3组合线路
5	8	2	16.6	26.50	27.80	38.96	54.00	187.54	200.00	226.20	213.74	215.04	198.70
6	9	2	16.3	22.58	25.22	34.75	46.87	195.04	207.21	228.87	216.70	219.34	204.58
7	10	2	16.2	21.01	23.63	31.42	41.14	207.18	217.60	235.11	224.70	227.32	214.97
8	11	2	16.1	20.94	21.70	28.79	36.87	219.96	227.81	242.98	235.13	235.89	227.05

4.3.1.5　国网通用设计杆塔模块安全系数取值说明

参考《国家电网公司输变电工程通用设计 220kV 输电线路分册》(2011 年版)，其中 2F4 模块（2×JL/G1A-630/45）和 2E5 模块（2×JL/G1A-400/35）导线安全系数也均取 5.0。

4.3.1.6　结论

综上分析可知，本标准化设计 2×JL/G1A-630/45、2×JL/G1A-400/35 导线安全系数取 5.0 时，实现了技术上的安全可靠和工程投资的经济合理性目标。

4.3.2　地线安全系数的确定

依据设计规范中导地线配合原则，结合本标准化钢管杆相关边界技术条件确定 JLB40-150 型铝包钢绞线安全系数 K 取 7.0、JLB40-120 型铝包钢绞线安全系数 K 取 7.0。

设计院采用 OPGW 及其他型号地线时，可根据地线支架允许承载条件选择合适的安全系数。

仅在覆冰工况地线支架强度计算时，考虑地线覆冰较导线增加 5mm 覆冰设计，断线工况不考虑增加 5mm 覆冰。

4.4　绝缘配合及防雷接地

4.4.1　绝缘配合原则

结合河南省区域经济社会发展情况，依据国家电网基建〔2014〕10 号《国网基建部关于加强新建输变电防污闪等设计工作的通知》中"4.1 提高输电线路防污能力，c 级及以下污区均提高一级配置；d 级污区按照上限配置；e 级污区按照实际情况配置，适当留有余度"的要求，参照河南省电力系统污秽区域分布图（2014 年）（图 4.2），本标准化设计按 e 级污秽区（要求爬电比距不小于 3.2cm/kV）进行设计绝缘配置。

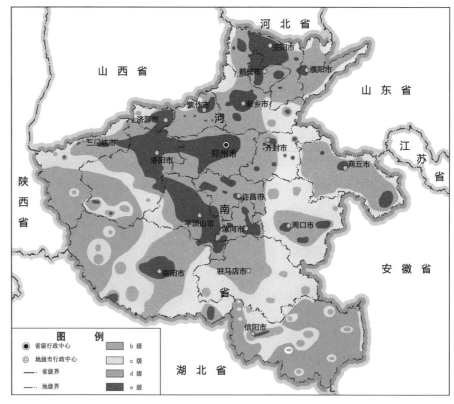

图 4.2　河南省电力系统污秽区域分布图（2014 年）

4.4.2　绝缘子选型

采用爬电比距法确定绝缘子型式和数量，绝缘子的片数按下式计算：

$$n \geqslant \frac{\lambda U}{K_e L_{o1}} \quad (4.1)$$

式中 n——直线钢管杆塔绝缘子串的绝缘子片数;

U——线路额定电压,kV;

λ——爬电比距,cm/kV;

L_{o1}——绝缘子几何爬距距离,cm;

K_e——有效系数,一般取 1.0。

参照国家电网公司物资标准化物资"瓷绝缘子 U160BP/155D,300,450"参数,代入式(4.1)得出,直线悬垂绝缘子片数为 16 片。

根据设计规范"7.0.2 在海拔高度 1000m 以下地区,操作过电压及雷电过电压要求的悬垂绝缘子串最小片数,应符合表 7.0.2 的规定"220kV 悬垂绝缘子最小片数为 13 片。

根据设计规范"7.0.3 全高超过 40m 有地线的杆塔,高度每增加 10m,应比本规范表 7.0.2 增加 1 片相当于高度为 146mm 的绝缘子;由于高杆而增加绝缘子片数时,雷电过电压最小间隙也应相应增大"的规定,本标准化设计对应雷电过电压下的直线悬垂绝缘子片数和空气间隙值,详细数值见表 4.8。

表 4.8 悬垂绝缘子串绝缘子片数及雷电过电压下的空气间隙值选择表

电压等级/kV	绝缘子型式	单位	杆塔全高/m		
			40	50	60
220	瓷(155mm)	片	16	17	18
	空气间隙	m	1.90	2.00	2.15

注 瓷绝缘子后括号内的数值表示单片瓷绝缘子的结构高度。

依据设计规范规定,耐张绝缘子串的绝缘子片数应在表 4.8 的基础上相应增加 1 片。

依据《河南电网发展技术及装备原则》(2009 年版)"1.5.1 35~220kV 线路宜全部采用复合绝缘子,500kV 线路悬垂串及跳线串宜采用复合绝缘子,耐张串宜采用瓷绝缘子。绝缘子串应具有良好的均压和防电晕性能"规定,本标准化设计绝缘子按复合绝缘子选取。

参照国家电网公司标准物资标准参数,复合绝缘子有 3 种结构高度,对应最小爬电距离见表 4.9。

结合河南省区域电网建设及运行特点,本标准化设计选用防污性能较好的复合绝缘子进行电气、荷载及结构验算。220kV 复合绝缘子参数见表 4.10。

表 4.9 复合绝缘子高度与爬电距离关系

电压等级/kV	绝缘子型式	结构高度/m	最小爬电距离/mm
220	复合绝缘子	2240	5040
220	复合绝缘子	2350	6340
220	复合绝缘子	2470	7040

表 4.10 220kV 绝缘子电气参数

绝缘子型号	额定抗拉负荷/kN	结构高度/mm	最小电弧距离/mm	最小公称爬电距离/mm	雷电全波冲击耐受电压 kV(峰值),≥	工频 1min 湿耐受电压 kV(有效值),≥	重量/kg
FXBW-220/100-3	100	2470±15	2400	7040	1175	540	14
FXBW-220/120-3	120	2470±15	2400	7040	1175	540	14
FXBW-220/160-3	160	2470±15	2400	7040	1175	540	15
FXBW-220/210-3	210	2470±15	2400	7040	1175	540	20

4.4.3 绝缘子串

依据设计规范中 6.0.1 规定,绝缘子和金具的机械强度需满足下式要求:

$$K_1 = \frac{T_R}{T} \quad (4.2)$$

式中 K_1——机械强度安全系数;

T_R——绝缘子的额定机械破坏负荷,kN;

T——分别取绝缘承受的最大使用荷载、断线荷载、断联荷载、验算荷载或常年荷载,kN。

绝缘子的机械强度安全系数见表 4.11,金具的机械强度安全系数见表 4.12。

表 4.11 绝缘子的机械强度安全系数

情况	最大使用荷载		常年荷载	验算	断线	断联
	盘形绝缘子	棒形绝缘子				
安全系数	2.7	3.0	4.0	1.5	1.8	1.5

表 4.12 金具的机械强度安全系数

情况	最大使用荷载	验算	断线	断联
安全系数	2.5	1.5	1.5	1.5

4.4.3.1 导线悬垂绝缘子串选型

依据国家电网公司标准物资参数,结合本标准化设计技术条件,导线悬垂绝缘子串选型说明如下:

（1）依据国家电网公司标准物资进行选型，坚持"标准统一、余度适当"的原则，导线悬垂绝缘子串选用 100kN 级金具串。

（2）参照《国家电网公司输变电工程通用设计 110(66)、220kV 输电线路金具图册》（2011 年版），2×JL/G1A－630/45 型导线选用 2XP11－5000－10P（H）－1A 串型，组装串长度 2.945m，绝缘串重 36.2kg；2×JL/G1A－400/35 型导线选用 2XP11－4000－10P(H)－1A 串型，组装串长度 2.905m，绝缘串重 32.1kg。

（3）合成绝缘子结构高度为 2470mm，2×JL/G1A－630/45 型导线选用 120kN 级，2×JL/G1A－400/35 型导线选用 100kN 级，最小爬电距离 7040mm。

（4）合成绝缘子两侧均按安装均压环考虑。

（5）重要交叉跨越采用独立双挂点悬垂绝缘子串。

（6）导线悬垂绝缘子串组装型式如图 4.3 所示。

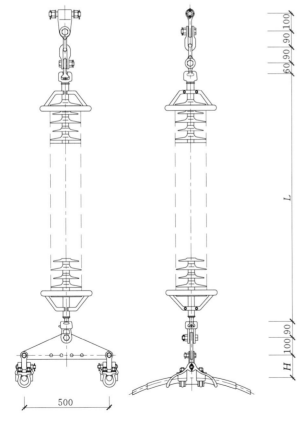

图 4.3　导线悬垂绝缘子串组装图

4.4.3.2　地线悬垂绝缘子串选型

依据国家电网公司标准物资参数和《国家电网公司输变电工程通用设计 110（66）、220kV 输电线路金具图册》（2011 年版），结合本标准化设计技术条件，本标准化设计地线悬垂选用 BX2－BG－07 型组装串，串重 5.7kg。地线悬垂绝缘子组装如图 4.4 所示。

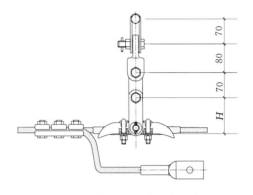

图 4.4　地线悬垂绝缘子串组装图

4.4.3.3　导线耐张绝缘子串选型

依据国家电网公司标准物资参数，结合本标准化设计技术条件，导线耐张绝缘子串选型说明如下：

（1）依据国家电网公司标准物资进行选型，坚持"标准统一、余度适当"的原则。

（2）参照《国家电网公司输变电工程通用设计 110(66)、220kV 输电线路金具图册》(2011 年版)，2×JL/G1A－630/45 型导线选用 2NP21Y－5050－21P(H) 串型，组装串长度 3.85m，绝缘子串重 132.8kg；2×JL/G1A－400/35 型导线选用 2NP21Y－4040－12P(H)串型，组装串长度 3.725m，绝缘子串重 104.2kg。

（3）合成绝缘子结构高度为 2470mm，2×JL/G1A－630/45 型导线选用 210kN 级，2×JL/G1A－400/35 型导线选用 160kN 级，最小爬电距离 7040mm。

（4）合成绝缘子两侧均按安装均压环考虑。

（5）耐张串均采用双联单挂点绝缘子串，龙门架耐张串采用单联绝缘子串。

（6）导线耐张绝缘子串组装型式如图 4.5 所示。

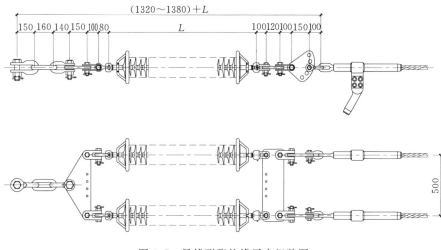

图 4.5　导线耐张绝缘子串组装图

4.4.3.4　地线耐张绝缘子串

依据国家电网公司标准物资参数和《国家电网公司输变电工程通用设计 110（66）、220kV 输电线路金具图册》（2011 年版），结合本标准化设计技术条件，本标准化设计地线耐张选用 BN2Y－BG－10 串型，串重 5.7kg。地线耐张串组装如图 4.6 所示。

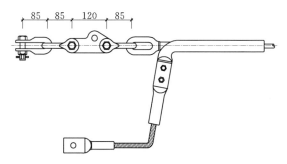

图 4.6　地线耐张串组装图

4.4.3.5　跳线绝缘子串

本标准化设计 2×JL/G1A－630/45 导线选用 2TP－30－10H(P)Z 串型，组装串长 2.788m，串重 25.3kg；2×JL/G1A－400/35 导线选用 2TP－20－10H(P)Z 串型，组装串长度 2.766m，绝缘子串重 22.8kg。

本标准化设计考虑跳线绝缘子串加挂重锤片（3 片）时杆身的间隙和风偏

校验情况。

跳线绝缘子串组装如图 4.7 所示。

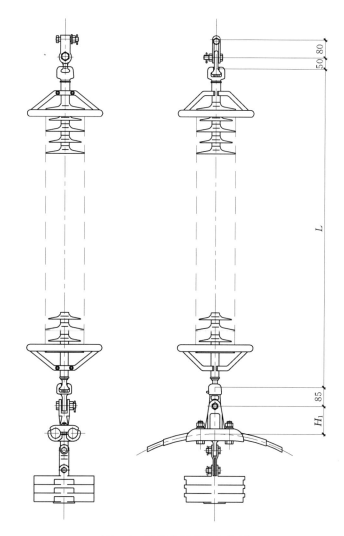

图 4.7　跳线绝缘子串组装图

4.4.4　空气间隙

依据设计规范，线路带电部分与杆塔构件的间隙不小于表 4.13 所列的数值。

表 4.13 **带电部分与杆塔构件的最小间隙**

工作情况	最小空气间隙/m	相应风速/(m/s)
内过电压	1.45	15
外过电压	1.9	10
运行电压	0.55	27
带电检修	1.8	10

注 操作部位考虑人活动范围 0.5m。

4.4.5 间隙圆图

（1）风偏角计算。计算直线塔悬垂串风偏角时，各种塔型均以下导线为基准高度，由此分别推算下、中、上导线高空风压系数。

风压不均匀系数 α 随水平档距变化取值见表 4.14。

表 4.14　**风压不均匀系数 α 随水平档距变化取值**

水平档距/m	≤200	250	300	350	400	450	500	≥550
α	0.8	0.74	0.70	0.67	0.65	0.63	0.62	0.61

绝缘子串的风偏角按下式计算：

$$\varphi = \arctan\left[\frac{\dfrac{P_1}{2}+Pl_{\mathrm{H}}}{\dfrac{G_1}{2}+W_1 l_{\mathrm{H}}+aT}\right]$$

$$= \arctan\left[\frac{\dfrac{P_1}{2}+Pl_{\mathrm{H}}}{\dfrac{G_1}{2}+W_1 l_{\mathrm{v}}}\right] \tag{4.3}$$

式中　φ——悬垂绝缘子串风偏角，(°)；

$\quad\quad P_1$——悬垂绝缘子串风压，N；

$\quad\quad G_1$——悬垂绝缘子串重力，N；

$\quad\quad P$——相应于工频电压、操作过电压及雷电过电压风速下的导线风荷载，N/m；

$\quad\quad W_1$——导线自重力，N/m；

$\quad\quad l_{\mathrm{H}}$——悬垂绝缘子串风偏角计算用杆塔水平档距，m；

$\quad\quad l_{\mathrm{v}}$——悬垂绝缘子串风偏角计算用杆塔垂直档距，m；

$\quad\quad a$——塔位高差系数；

T——相应于工频电压、操作过电压及雷电过电压气象条件下的导线张力，N。

悬垂绝缘子串风压按下式计算：

$$P_1 = 9.81 A_1 \frac{V^2}{16} \tag{4.4}$$

式中　V——设计采用的 10min 平均风速，m/s；

$\quad\quad A_1$——绝缘子串的受风面积，m^2，复合绝缘子受风面积每支取 $0.4\mathrm{m}^2$，金具零件受风面积每串取 $0.1\mathrm{m}^2$。

（2）串型设计。直线钢管杆按照单联Ⅰ型规划塔头，同时满足工程应用中的两个独立单联作为Ⅰ型串双联。参照国网通用设计 220kV 金具串组装型式，考虑导线会采用预绞式金具，串长会较普通线夹稍长，因此，本标准化设计间隙计算按照串长取 3.0m。

（3）裕度选取。钢管杆在外形布置时，结构裕度对应于钢管杆构件外缘选取 300mm。

综上所述，悬垂绝缘子串组装长度按 3.3m 进行间隙圆校验，计算得出 $2\times\mathrm{JL/G1A}-630/45$ 导线风偏角分别为：$43.63°$（工频）、$25.66°$（雷电）、$7.45°$（带电作业）；$2\times\mathrm{JL/G1A}-400/35$ 导线风偏角分别为：$43.63°$（工频）、$25.66°$（雷电）、$7.45°$（带电作业）。直线钢管杆间隙圆如图 4.8 所示。

4.4.6 防雷设计

依据设计规范"7.0.13.2　220～330kV 输电线路应全线架设地线，年平均雷暴日数不超过 15d 的地区或运行经验证明雷电活动轻微的地区，可架设单地线，山区宜架设双地线"规定，本标准化设计钢管杆均按架设双地线设计。

地线对导线保护角依据设计规范"7.0.14.2　对于同塔双回或多回路，110kV 线路的保护角不宜大于 10°，220kV 及以上线路的保护角均不宜大于 0°"要求设计。

根据设计规范"7.0.15　杆塔上两根地线之间的距离应满足，不应超过地线与导线间垂直距离的 5 倍。在一般档距的档距中央，导线与地线间的距离，应满足 $S \geqslant 0.012L+1$ 的要求"，本标准化设计满足上述要求。

4.4.7 接地设计

依据设计规范中 7.0.16、7.0.19 规定，有地线的杆型应接地。本标准化设计钢管杆地线支架、导线横担与绝缘子固定部分之间，具有可靠的电气连接，通过预留接地螺栓与接地装置可靠连接。

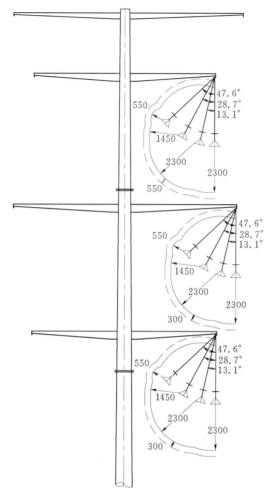

图 4.8　直线钢管杆间隙圆图

式中　D——导线水平线间距离，m；

　　　　L_k——悬垂绝缘子串长度，m；

　　　　U——系统标称电压，kV；

　　　　f——导线最大弧垂，m；

　　　　h——导线垂直排列的垂直线间距离，m。

地线与导线和相邻导线间的水平位移，依据设计规范的规定选取：10mm冰区水平位移不小于 1.0m。

4.6　联杆金具

4.6.1　导线悬垂挂点

直线钢管杆导线挂点按照单/双悬垂挂点设计，以满足单、双独立悬垂挂点的需要，悬垂串联塔金具采用 ZBS-10/12-100 挂板。

导线悬垂挂点如图 4.9 所示。

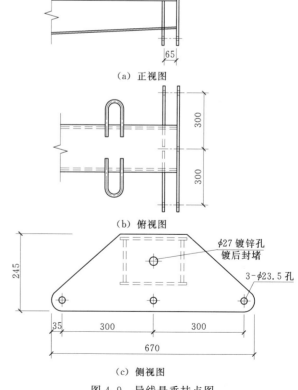

（a）正视图

（b）俯视图

（c）侧视图

图 4.9　导线悬垂挂点图

4.5　杆头布置

本标准化设计双回路采用三层横担鼓形布置方式（每侧导线垂直排列）。

依据设计规范，本标准化设计杆塔的导线水平线间距离应按式（4.5）计算。

$$D \geqslant 0.4L_k + \frac{U}{110} + 0.65\sqrt{f_c} \qquad (4.5)$$

$$h \geqslant 0.75D \qquad (4.6)$$

4.6.2　导线耐张挂点

耐张钢管杆导线按单挂点设计。JL/G1A-630/45 联塔金具采用 U-50150 型挂环、JL/G1A-400/35 联塔金具采用 U-32115 型挂环、导线跳线串采用 UB-1080 挂板。

导线耐张挂点图如图 4.10 所示。

4.6.3　地线及跳线挂点

地线及导线跳线按单挂点设计，地线悬垂串的联塔金具采用 UB-0770 挂板。

地线悬垂挂点图如图 4.11 所示。

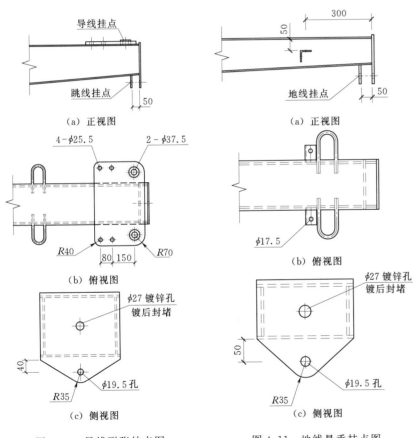

图 4.10　导线耐张挂点图　　图 4.11　地线悬垂挂点图

耐张钢管杆地线金具挂孔图如图 4.12 所示。

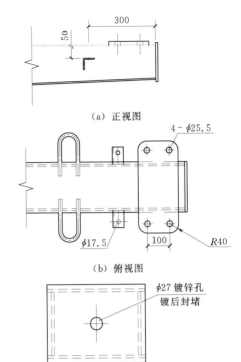

图 4.12　耐张钢管杆地线
金具挂孔图

4.7　杆塔规划

4.7.1　适用范围

通过经济技术综合分析比较，本标准化设计钢管杆根部弯矩按不超过 30000kN·m 进行设计。当根部弯矩超过 30000kN·m 值时，推荐采用国家电网公司其他通用设计杆塔型式。

4.7.2　地线配置

本标准化设计考虑双地线设计。

4.7.3　转角度数

本标准化设计杆塔转角度数划分为 0°～10°、10°～30°、30°～50°、50°～70°、70°～90° 共 5 个系列。

4.7.4 设计档距

直线钢管杆、直线跨越杆及耐张钢管杆水平档距及垂直档距见表4.15。

表4.15　　　　水平档距及垂直档距

使用条件	水平档距/m	垂直档距/m	代表档距/m	K_V系数
SZG1	200	250	200	0.85
SZG2	250	300	250	0.8
SZGK	250	350	250	0.8
SJG1	220	280	220	—
SJG2	220	280	220	—
SJG3	220	280	220	—
SJG4	220	280	220	—
SJG5	220	280	220	—

4.8　杆塔设计一般规定

（1）钢管杆的极限状态是指在规定的各种荷载组合作用下或变形限值条件下，满足线路安全运行的临界状态。极限状态分为承载能力极限状态和正常使用极限状态。

1）承载能力极限状态：钢管杆达到最大承载力或不适合继续承载的变形。其表达式为

$$\gamma_0(\gamma_G S_{GK} + \Psi\sum\gamma_{Qi}S_{QiK})\leqslant R \qquad (4.7)$$

式中　γ_0——杆塔结构重要性系数，重要线路不应小于1.1，临时线路取0.9，其他线路取1.0；

γ_G——永久荷载分项系数，对结构受力有利时不大于1.0；不利时取1.2；

γ_{Qi}——第i项可变荷载分项系数，取1.4；

S_{GK}——永久荷载标准值的效应；

S_{QiK}——第i项可变荷载标准值的效应；

Ψ——可变荷载组合值系数，正常运行情况取1.0，断线情况、安装情况和不均匀覆冰情况取0.9，验算情况取0.75；

R——结构构件的抗力设计值，此处指钢管杆的抗力设计值。

2）正常使用极限状态：钢管杆的变形达到正常使用的规定限值，采用下列正常使用极限状态表达式：

$$S_{GK} + \Psi\sum S_{QiK}\leqslant C \qquad (4.8)$$

式中　C——结构或构件的裂缝宽度或变形的规定限值，mm，此处指钢管杆变形的规定限制值。

（2）本标准化设计杆型在长期荷载作用下，直线钢管杆顶挠度不大于杆全高的5‰；转角和终端杆挠度不大于杆全高的12‰。

（3）根据调研结果，结合区域环境特点，本标准化设计杆型在设计时已预留防鸟害、避雷器等装置的安装位置。

4.9　杆塔荷载

4.9.1　气象条件重现期

依据设计规范，220kV输电线路及其大跨越重现期取30年。

4.9.2　基本风速距地高度

依据设计规范，220kV输电线路统计风速应取离地面10m。

4.9.3　杆塔荷载分类

（1）作用在杆身的荷载可分为下列两类：

1）永久荷载：导线及地线、绝缘子及其附件、杆塔结构、各种固定设备、基础以及土体等的重力荷载；拉线或纤绳的初始张力、土压力及预应力等荷载。

2）可变荷载：风和冰（雪）荷载；导线、地线及拉线的张力；安装检修的各种附加荷载；结构变形引起的次生荷载以及各种振动动力荷载。

（2）钢管杆承受的荷载分解为3种：

1）横向荷载：沿横担方向的荷载，如直线钢管杆上导线、地线水平风力，转角杆导线、地线张力产生的水平横向分力等。

2）纵向荷载：垂直于横担方向的荷载，如导线、地线张力在垂直横担或地线支架方向的分量等。

3）垂直荷载是垂直于地面方向的荷载，如导线、地线的重力等。

（3）导线及地线的水平风荷载标准值和基准风压值，应按以下公式计算，此处考虑风向与线路垂直情况的导线或地下风荷载的标准值：

$$W_X = \alpha W_0 \mu_z \mu_{sC}\beta_C d L_p B \qquad (4.9)$$

$$W_0 = \frac{V^2}{1600} \tag{4.10}$$

式中 W_X——垂直于导线及地线方向的水平风荷载标准值，kN；

$\quad \alpha$——风压不均匀系数，应根据设计基本风速，依据设计规范相关规定采用；

$\quad \beta_C$——导线及地线风荷载调整系数，此处取 1.0；

$\quad \mu_z$——风压高度变化系数；

$\quad \mu_{sC}$——导线或地线的体型系数，线径小于 17mm 或覆冰时（不论线径大小）应取 1.2；线径大于或等于 17mm，取 1.1；

$\quad d$——导线或地线的外径或覆冰时的计算外径；分裂导线取所有子线外径的总和，m；

$\quad L_p$——杆塔的水平档距，m；

$\quad B$——覆冰时风荷载增大系数，5mm 冰区取 1.1，10mm 冰区取 1.2；

$\quad W_0$——基本风压标准值，kN/m²；

$\quad V$——基准高度为 10m 的风速，m/s。

（4）杆塔风荷载的标准值，应按下式计算，此处考虑风向与线路垂直情况的杆塔荷载的标准值：

$$W_s = W_0 \mu_z \mu_s \beta_z B A_s \tag{4.11}$$

式中 W_s——杆塔风荷载标准值，kN；

$\quad \mu_s$——构件的体型系数，此处指钢管杆的体型系数，本标准化设计钢管杆截面按照正十六边形设计；

$\quad A_s$——构件承受风压的投影面积计算值，m²；

$\quad \beta_z$——杆塔风荷载调整系数。

（5）本标准化杆型均按以下 3 种风向计算杆身、横担、导线和地线的风荷载：

1）风向与线路方向相垂直，转角杆应按照转角等分线方向。

2）风向与线路方向的夹角成 60°或 45°。

3）风向与线路方向相同。

（6）作用在杆塔上的荷载按其性质可分为永久荷载、可变荷载和特殊荷载。

4.9.4 工况组合

依据设计规范相关规定，结合调研结果，本标准化设计对杆型计算 4 种工况的荷载组合：正常运行工况、断线工况、不均匀覆冰及安装工况。

（1）正常运行工况应计算下列工况的荷载：

1）基本风速、无冰、未断线（包括最小垂直荷载和最大水平荷载）。

2）设计覆冰、相应风速及气温、未断线。

3）最低气温、无冰、无风、未断线（适用于终端和转角杆塔）。

（2）悬垂杆塔的断线工况按 −5℃、有冰、无风的气象条件，计算以下荷载组合：

双回路杆塔，同一档内，单导线断任意两相导线（分裂导线任意两相导线有纵向不平衡张力）；同一档内，断一根地线，单导线断任意一相导线（分裂导线任意一相导线有纵向不平衡张力）。

（3）耐张型杆塔的断线情况应按 −5℃、有冰、无风的气象条件，计算下列荷载组合：

对多回路塔，同一档内，单导线断任意三相导线（分裂导线任意三相导线有纵向不平衡张力）、地线未断；同一档内，断任意一根地线，单导线断任意两相导线（分裂导线任意两相导线有纵向不平衡张力）。

（4）各类杆型的安装工况按安装荷载、相应风速、无冰条件计算。导线或地线及其附件的起吊安装荷载，包括提升重力、紧线张力荷载和安装人员及工具的重量。

（5）根据国家电网公司新建输电线路防舞动设计相关要求，结合区域内 220kV 线路特点，除按正常荷载计算外，在 3 级舞动区线路杆塔横担设计时，宜增加舞动校验工况组合：风速 15m/s，冰厚 5mm，气温 −5℃，风向 90°，组合系数 0.9。

4.10 杆塔结构设计方法

4.10.1 结构设计原则

杆塔结构设计采用以概率理论为基础的极限状态设计法，结构构件的可靠度采用可靠指标度量；结构的极限状态是指结构或构件在规定的各种荷载组合作用下或在各种变形或裂缝的限值条件下，满足线路安全运行的临时状态。

极限状态分为承载力极限状态和正常使用极限状态。

4.10.2 承载力极限状态

（1）承载力极限状态是指对应于结构或结构构件达到最大承载力，出现疲劳破坏或不适应于继续承载的变形。

（2）计算规定：结构或构件的强度、稳定和连接强度，应按承载力极限状态的要求，采用荷载的设计值和材料强度的设计值进行计算。

（3）表达式为

$$\gamma_{\circ}(\gamma_{G}C_{G}G_{K}+\Psi\sum\gamma_{Qi}C_{Qi}Q_{iK})\leqslant R \qquad (4.12)$$

式中　$\gamma_{\circ}$——钢管杆重要性系数，按安全等级选定。一级：特别重要的钢管杆取 $\gamma_{\circ}=1.1$；二级：各级电压线路的钢管杆，应取 $\gamma_{\circ}=1.0$；三级：临时使用的钢管杆，应取 $\gamma_{\circ}=0.9$；

　　　　γ_{G}——永久荷载分项系数，对钢管杆受力有利时，宜取 1.0；不利时，应取 1.2；

　　　　γ_{Qi}——可变荷载分项系数，宜取 1.4；

　　　　C_{G}——永久荷载的荷载效应系数；

　　　　C_{Qi}——第 i 项可变荷载的荷载效应系数；

　　　　G_{K}——永久荷载的标准值；

　　　　Q_{iK}——第 i 项可变荷载的标准值；

　　　　Ψ——可变荷载组合值系数，正常运行工况宜取 1.0；耐张钢管杆型断线工况和各类杆型的安装工况宜取 0.9；直线钢管杆型断线工况和各类杆型的验算工况宜取 0.75；

　　　　R——钢管杆的抗力设计值。

4.10.3　正常使用极限状态

（1）正常使用极限状态是指结构或构件的变形达到正常使用的规定限值。

（2）计算规定：结构或构件的变形应按正常使用极限状态的要求，采用荷载的标准值和正常使用规定限值进行计算。

（3）计算公式为

$$C_{G}G_{K}+\Psi\sum C_{Qi}Q_{iK}\leqslant\delta \qquad (4.13)$$

式中　δ——钢管杆变形的规定限制值。

4.10.4　杆塔材料

（1）材料分类。钢材的强度设计值见表 4.16。

（2）杆身材料。按照"安全可靠、技术先进、经济合理、资源节约、环境友好"的设计原则，经技术经济综合比选结果，本标准化设计直线钢管杆杆身选用 Q345 型钢材，耐张钢管杆杆身选用 Q420 钢材。

（3）横担及附件材料。直线钢管杆及耐张钢管杆横担钢材材质为现行

GB/T 1591—2008《低合金高强度结构钢》中规定的 Q345 系列；爬梯等附件钢材材质为现行 GB/T 700—2006《碳素钢结构》中规定的 Q235 系列。按实际使用条件确定钢材级别。钢材强度设计值见表 4.16。

表 4.16　　　　　　　　　　钢材的强度设计值

钢　材		抗拉、抗压和抗弯 /(N/mm²)	抗剪 /(N/mm²)
牌号	厚度或直径/mm		
Q235 钢	≤16	215	125
	>16～40	205	120
	>40～60	200	115
	>60～100	190	110
Q345 钢	≤16	310	180
	>16～35	295	170
	>35～50	265	155
	>50～100	250	145
Q420 钢	≤16	380	220
	>16～35	360	210
	>35～50	340	195
	>50～100	325	185
Q460 钢	≤16	415	240
	>16～35	395	230
	>35～50	380	220
	>50～100	360	210

（4）螺栓材质。结合杆身、横担及附件材质，本标准化设计钢管杆杆身螺栓、螺母主要采用 6.8 级、大转角耐张钢管杆部分采用了 8.8 级；横担及附件分别采用了 4.8 级、6.8 级，其性能应符合 GB/T 3098.1—2000、GB/T 3098.2—2000 及 GB/T 3098.4—2000 的规定。螺栓的强度设计值见表 4.17。

表 4.17　　　　　螺栓强度设计值

螺栓、螺母等级	抗拉/(N/mm²)	抗剪/(N/mm²)
4.8	200	170
5.8	240	210
6.8	300	240
8.8	400	300

横担、爬梯等铁附件及螺栓、螺母均需热镀锌防腐处理。

4.10.5 杆身连接

目前，钢管杆杆身连接方式主要有法兰连接和插入连接两种连接方式，如图 4.13 所示。

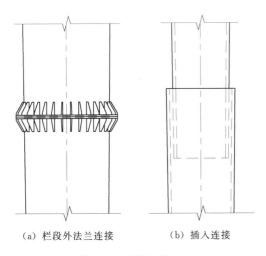

（a）栏段外法兰连接　　（b）插入连接

图 4.13　杆段连接方式

结合河南省区域 220kV 钢管杆应用及调研情况，经技术经济、加工及施工工艺、外形外观等因素综合比较，标准及外观样式特点，本标准化设计按法兰连接方式进行设计。

4.10.6 杆塔与基础的连接方式

钢管杆杆身与基础采用法兰连接方式（图 4.14），更具有安全可靠、经济合理和施工便捷等优点，符合国家电网公司标准工艺要求，故本标准化设计钢

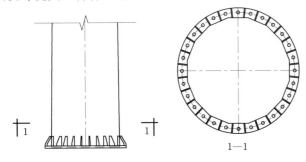

图 4.14　杆身与基础法兰连接方式

管杆与基础采用法兰连接方式。

4.11 其他说明

4.11.1 横担形式

本标准化设计采用箱式横担，横担与杆身采用法兰连接，直线钢管杆横担示意图如图 4.15 所示，耐张钢管杆横担示意图如图 4.16 所示。

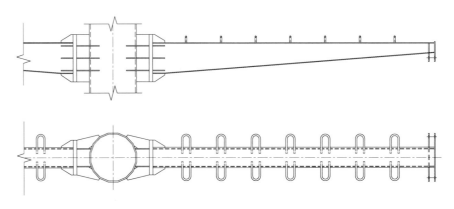

图 4.15　直线钢管杆横担示意图（上为平视图、下为俯视图）

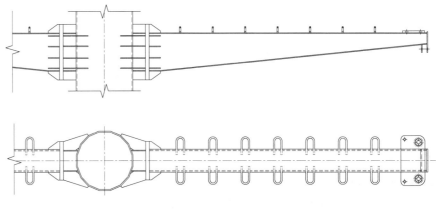

图 4.16　耐张钢管杆横担示意图（上为平视图、下为俯视图）

4.11.2 爬梯安装高度

爬梯与杆身采用单管加脚钉方式，本标准化设计爬梯距根部法兰高度统一按 2.5m 设计。爬梯加工图如图 4.17 所示。

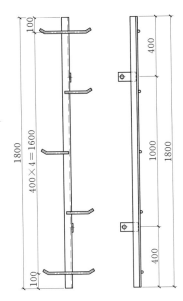

图 4.17　爬梯加工图（左为正视图、右为侧视图）

4.11.3　标识牌安装

标识牌、相位牌、警示牌等的安装位置及防盗螺丝的安装高度应结合国家

电网公司运行等相关规定执行，但应符合标识牌安装位置的安全、适当、醒目和统一等要求。

4.11.4　接地孔安装

本标准化设计杆型考虑到杆身的接地，并预留有接地孔，位置及高度如图4.18所示。

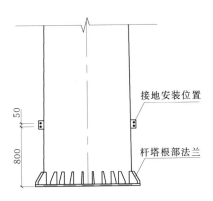

图 4.18　接地线孔位置示意图

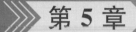

杆塔尺寸及结构优化

杆塔结构及外形优化的总体原则是：安全可靠、结构简单、受力均衡、传力清晰、外形美观、经济合理、运维便捷、环境友好、资源节约。

5.1 杆塔优化的主要原则

在杆塔结构的优化设计中，主要遵循以下原则：

（1）结构安全可靠，合理确定边界技术条件，裕度适当。

（2）构件受力均衡，传力清晰，节点处理合理。

（3）构件结构简单，便于加工安装和运行维护。

（4）杆型布局紧凑，外形美观，尽量减少线路走廊宽度，节约杆塔占地面积。

（5）选材经济合理，积极应用"新技术、新材料和新工艺"，降低杆塔钢材耗量，确保杆塔整体的技术性和经济性。

5.2 杆头尺寸优化

本标准化设计中钢管杆均采用单杆型式，杆头的结构优化是在满足结构安全可靠和电气间隙距离的前提下，依据最新规程规范，以优化杆塔结构型式和减小线路走廊宽度为研究重点，降低钢管杆的耗钢量和工程投资，实现"资源节约"和"环境友好"的杆塔设计目标。

（1）导、地线水平间距的确定。根据导线水平线间距离由式（4.5）可知，导线水平排列的线间距离主要受悬垂绝缘子串长度和导线弧垂控制，为合理控制导线水平排列间距，本标准化设计在合理确定气象条件、导线型式参数、档距等设计技术边界条件的前提下，严格参照国家电网公司通用金具组装型式和绝缘子标准物资型式参数，通过间隙圆校验，在满足适当设计裕度（300mm）的情况下，将直线钢管杆的上层导线水平排列间距控制在9.45m、中层导线水

平排列间距控制在 11.66m、下层导线水平排列间距控制在 9.66m 之内，地线水平排列间距控制在 12.32m 之内。

（2）导线垂直间距的确定。依据设计规范规定，导线垂直排列的垂直线间距离，宜采用按式（4.5）计算结果的 75%，根据计算结果和尺寸优化，本标准化设计上、中层导线横担垂直距离为 6.5m，中、下层导线横导垂直距离为 6.3m。

（3）地线与上层导线的垂直间距的确定。根据导地线线间距离配合原则和相关技术要求，本标准化设计直线钢管杆地线与上层导线的垂直间距确定为 3m、耐张钢管杆地线与上层导线的垂直间距确定为 3.5m。

（4）地线保护角的确定。依据设计规定，"对于同塔多回或多回路，220kV 及以上线路的保护角不宜大于 0°"，根据以上导线排列优化结果，本标准化设计地线对中相导线保护角控制在 0°～－2°区间内。地线对导线的保护角如图 5.1 和图 5.2 所示。

（5）导线电气间隙圆校验。根据优化后的杆头尺寸进行导线电气间隙圆校验，校验结果满足设计规定相关要求，导线电气间隙圆校验如图 5.3 和图 5.4 所示。

5.3 杆塔结构优化

（1）主杆截面型式。常用的钢管截面型式有正八边形、正十二边形、正十六边形和环形截面等，环形截面惯性矩最大，受力最优，但加工难度大，国内少有采用。目前，国内 220kV 钢管杆多采用正十六边形，且加工工艺比较成熟，如图 5.5 所示。

（2）钢管杆挠度。DL/T 5130—2001《架空送电线路钢管杆设计技术规定》要求直线钢管杆的杆顶挠度限值为 5‰，转角和终端杆的杆顶挠度限值为

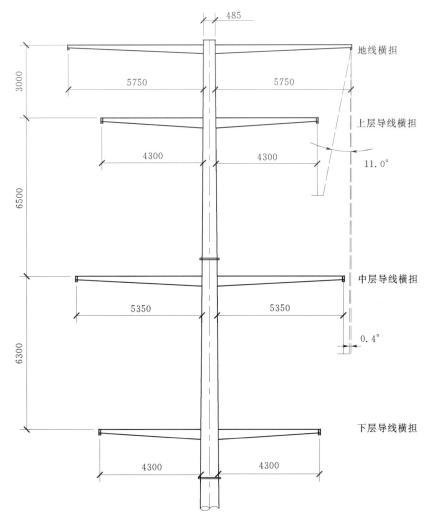

图 5.1　直线钢管杆地线对导线保护角

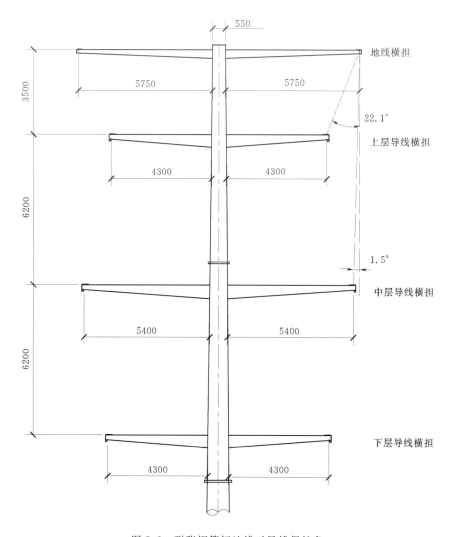

图 5.2　耐张钢管杆地线对导线保护角

20‰。结合河南省区域大量钢管杆设计和线路运行情况，本标准化设计钢管杆挠度的限值直线钢管杆取 5‰、转角钢管杆取 12‰。

（3）钢管杆梢径。钢管杆梢径对钢管杆杆顶挠度的控制起关键性作用，在其他外形参数不变的情况下，增大钢管杆梢径尺寸，可显著提高钢管杆的整体刚度，减少杆顶位移。

（4）主杆锥度。钢管杆所受荷载越大，弯矩包络图斜率就越大，从而需要

增大钢管杆的锥度来保证其受力要求，但锥度增大势必导致根径过大，既增大耗钢量又影响美观，因此，需对杆身锥度和梢径进行多方案优化组合和综合比选，合理确定杆身锥度和梢径，在保证杆塔具有足够的强度和刚度的条件下，符合资源节约和外形美观等要求。

（5）杆身分段长度。结合技术、加工、运输以及施工等因素，本标准化设计钢管杆杆段长度控制在 10m 以内。

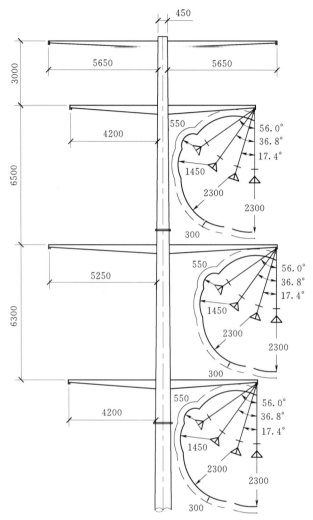

图 5.3 直线钢管杆（2×JL/G1A-400/35）电气间隙圆校验

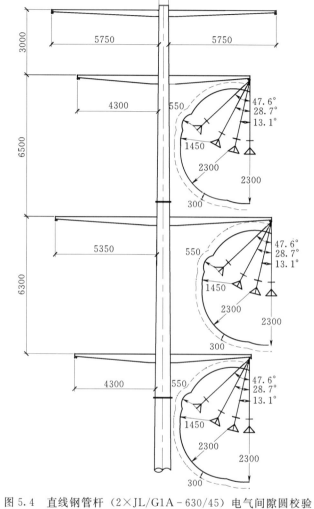

图 5.4 直线钢管杆（2×JL/G1A-630/45）电气间隙圆校验

（a）正八边形

（b）正十二边形

（c）正十六边形

（d）环形截面

图 5.5 220kV 钢管杆常用杆身截面形式

第6章
主要技术特点

6.1 安全可靠性高

本标准化设计根据河南省区域的地形特点、气象条件、海拔情况，以输电线路走廊受限区域杆塔定位为设计出发点，结合已建线路在防污闪、防冰闪、防雷击等方面的运行经验，通过校验计算，优化杆塔外形尺寸和合理材料选择，以安全可靠、技术先进和经济合理为原则，积极谨慎地选用新材料，合理确定安全系数、安全裕度，确保杆塔设计安全可靠，具体措施如下：

（1）严格执行最新规程、规范和国家电网公司相关文件技术要求，做到依据充分、引用适用、通用适用。

（2）合理确定边界技术条件，确定设计基本风速、导线覆冰厚度、导地线型号、安全系数、档距等设计参数，合理规划杆头布置、合理确定钢管杆挠度和锥度，确保技术安全可靠的同时，最大限度满足杆型的外观美观要求。

（3）综合技术、经济、加工、施工及运行维护等各个环节，极谨慎地选用新材料，确保杆塔的全寿命周期设计目标。

（4）采用双避雷线防雷方案，地线对导线的保护角控制在 $0° \sim -2°$ 区间内，导地线线间距离配合适当。

（5）结合河南省"十三五"经济社会和电网发展规划，结合本标准化设计按 e 级污秽区进行绝缘配合（要求爬电比距不小于 3.2cm/kV），确保标准化设计的适用性和技术性要求。

（6）为满足对重要交叉跨越设施（如铁路、高速公路）的跨越技术要求，本标准化设计增加跨越钢管杆的模块设计，重要跨越杆塔重要性系数取 1.1，

确保设计成果的安全性、通用性和先进性。

6.2 适应性好

本标准化设计共包含 2 个子模块 16 种杆型，采用 220kV 输电线路常用的导线型号（JL/G1A-400/35、JL/G1A-630/45）和典型气象参数，广泛适用海拔 1000m 以内输电线路走廊受限区域，标准化设计适应性好。

6.3 杆塔规划合理

根据城区地形情况，通过调研确定档距，通过分析确定安全系数，提出了杆塔设计档距、计算呼高、K_v 值及塔高系列等合理的方案，同时考虑交叉跨越杆型，同时，转角杆根据转角度数由原来的四塔改为五塔系列，使得杆型设计条件更科学、经济、合理。经过计算分析，得出较为经济时的导地线安全系数。

6.4 应用新技术、新材料

本次标准化杆型设计过程中推广采用了近年来成熟适用的新技术成果，经过多次去厂家调研并开会探讨，充分考虑防污闪、防冰闪、防风偏、防雷击、防鸟害等提高运行可靠性措施，杆段强度综合考虑采用 Q420 高强钢。

6.5 合理优化杆型结构

标准化设计中对杆塔结构进行全面的优化，主要从横担尺寸、杆头布置、杆段配筋、杆段连接方式、基础连接型式等方面进行合理选择并优化，使得标

准化设计杆型受力合理，具有更好的可靠性和经济性。

6.6 重视环境保护

全面贯彻落实科学发展观以及国家电网公司环境友好型的设计理念，本标准化设计重视环境保护，满足技术安全的前提下进行横担尺寸优化，进一步压缩线路走廊宽度及杆塔占地面积，减少房屋拆迁和树木砍伐，社会效益和环保效益显著。

6.7 设计成果

本次编制的标准化设计成果主要分为杆型图集和加工图集两部分，内容涵盖模块说明、杆型一览图、荷载计算、分段加工图。

（1）《220kV 输电线路钢管杆标准化设计图集 钢管杆杆型图》。

（2）《220kV 输电线路钢管杆标准化设计图集 钢管杆加工图（适用 2×JL/G1A－400/35 型钢芯铝绞线）》。

（3）《220kV 输电线路钢管杆标准化设计图集 钢管杆加工图（适用 2×JL/G1A－630/45 型钢芯铝绞线）》。

以上 3 套标准化设计图集应配套对应参照使用。

6.8 提高电网建设和运行质量和效率

本 220kV 钢管杆标准化杆型的研究和应用，在提高设计质量和效率方面主要体现在以下几点：

（1）统一 220kV 钢管杆杆型设计图纸，能提高设计、评审、采购、设备加工及施工的质量和进度，有效缩短电网建设周期，提高工作效率。

（2）统一建设标准和材料规格，使 220kV 钢管杆的招标更加便捷高效，能有效提高快速抢修能力。

（3）采用标准化设计成果在确保电网安全运行的同时，可大幅提升电网运行和维护的质量和效率。

（4）本标准化设计成果以资源节约、环境友好、安全可靠、技术先进和经济合理为研究理念，对电网标准化体系建设将发挥积极的推动作用。

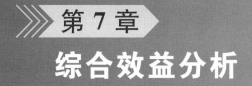

第7章
综合效益分析

7.1 影响因素分析

本标准化设计取得较好经济效益，其主要因素如下：

（1）在杆型结构方面，对影响杆型强度的杆身材质、杆段长度等各种因素进行了精心优化，经与以往同等条件杆型比较，费用投资减少了 10%~15%。

（2）标准化的杆型品种多，为送电线路工程建设提供了大量可供选择的指标先进的杆型，为设计人员集中精力进行设计方案优化提供了保证。

（3）杆塔规划上比单个工程更完善、合理。

（4）将转角杆的角度划分进行了进一步细化，降低了工程整体造价。

（5）以往 220kV 送电线路工程基本由地市级电力设计院（所）设计，其杆塔设计方面技术力量相对薄弱，以大代小、单基指标不合理等情况时有发生，且没有形成统一的设计标准。该图集为各设计单位提供了标准化的通用的杆塔标准图集。

7.2 投资效益分析

7.2.1 单基杆塔投资分析

为检验标准化设计杆型的经济先进性，将本标准化设计杆型单基指标与以往设计中所采用的杆塔以及各网省公司技术导则中的杆塔单基指标进行对比分析，高强度钢管杆在线路走廊受限条件下经技术经济比较，其具有造价低、占

地面积少、节约走廊等优势，从而节约杆塔投资，充分体现资源节约型、环境友好型的设计理念。

7.2.2 实际工程杆塔投资分析

为了检验整套杆型设计的经济性，利用以前已经完成施工图设计的实际工程，采用标准化的杆型重新排位，对杆塔耗材和杆塔数量进行分析比较，整个工程的钢材耗量均较原耗量有所下降，综合费用投资相比原设计节省 8%。

7.2.3 静态投资效益分析

综上各项分析，并考虑到标准化设计采用了减小线路通道宽度的措施，通道拆迁量还将有所减小，其静态投资可以节省 5% 左右；在设计、采购、加工和施工方面可实现更大的规模化、集约化效益。

7.3 社会环保综合效益

标准化的推广使用可以统一电力公司的建设标准，大大节约社会资源、缩短工期、降低造价，并使采购、设计、制造和施工规范化，取得送电线路全寿命周期的效益最大化。

本次标准化采用了多种手段压缩线路走廊，节省线路走廊资源，为了未来经济的可持续发展，相比之前采用的角钢塔、钢管塔，减少了杆塔占地，节约土地资源。

因此随着标准化的推广应用，将会产生巨大的社会和环保效益。

第8章
标准化设计使用总体说明

8.1 标准化设计文件

本标准化设计中，主要设计内容包括设计说明、杆型使用条件、杆型一览图、荷载计算、杆型单线图、基础作用力、分段加工图等相关资料，在具体的工程设计中，可根据实际需要有选择地使用。

该标准化设计成果可用于风速 27m/s（10m 基准高）、覆冰厚度 10mm 和 15mm、海拔低于 1000m 的平原地区走廊受限区域内 220kV 线路的可行性研究、初步设计、施工图设计阶段。具体工程设计时，需要结合工程实际情况，选择经济、合理的杆型。

8.2 杆型名称查询说明

本着"唯一性、相容性、通用性、方便性和扩展型"的原则，根据导线型号进行模块划分，根据导线型号、架设方式和气象条件等技术条件组合，划分若干个子模块。模块、子模块的杆型命名规定如下：

杆型名称由下述 3 部分组成：［模块编号］–［杆型名称］［系列号］。

模块编号：由 4 组数据组成，对应于标准化设计的各个模块。

第一组为电压等级：2——220kV。

第二组为杆塔代号：GG——高强度钢管杆。

第三组为模块代号：E、F。

第四组为子模块代号：3。

杆型名称：该部分按以下两种情况考虑。

直线钢管杆部分：SZG——双回路直线钢管杆。

转角杆部分：SJG——双回路转角杆。

系列号：1、2、3、4、5、…、K，即杆型系列号。

例如，2GGE3 – SZG2 代表 220kV 高强度 E3 模块的双回路 2 型直线钢管杆。

8.3 杆型选用说明

根据实际工程所处气象条件、海拔、地形情况，以及所选用导地线的规格、回路数、是否架设 10kV 线路挂线等设计参数，在确保不超条件使用的基础上，选择相应模块杆型。

需要核对的设计参数如下：

(1) 实际工程所处的气象条件、海拔高度、地形情况等。

(2) 导地线型号及安全系数、水平档距、垂直档距、转角度数。

(3) 绝缘配置是否满足工程实际绝缘配置及串长要求。

(4) 杆头间隙校验。

(5) 杆塔荷载校验。

(6) 施工架线方式。

(7) 串长、挂线金具型式和挂孔是否匹配。

(8) 其他因素。

8.4 杆型选型原则

尽量避免以大代小使用情况的发生，严禁未经验算而超条件使用本标准化设计杆型。

8.5 注意事项

(1)《220kV 输电线路钢管杆标准化设计图集 钢管杆杆型图》《220kV

输电线路钢管杆标准化设计图集 钢管杆加工图（适用 2×JL/G1A - 400/35 型钢芯铝绞线)》和《220kV 输电线路钢管杆标准化设计图集 钢管杆加工图（适用 2×JL/G1A - 630/45 型钢芯铝绞线)》3 套图集应配套对应参照使用。

（2）结合工程具体情况，选择经济、合理的杆型模块。

（3）在具体工程设计中，根据实际技术条件，选择符合技术边界条件的相关杆型。

（4）当标准化设计杆型中没有完全匹配使用条件的模块时，可按就近的原则并经校验后代用，或选用标准图集以外的其他杆塔型式。

（5）严禁未经验算或超条件使用本标准化设计杆型。

第9章

2GGF3-SZG1 钢管杆加工图

2GGF3-SZG1图纸目录

序号	图 号	图 名		张数	备 注
1	2GGF3-SZG1-01	2GGF3-SZG1直线杆总图		1	
2	2GGF3-SZG1-02	2GGF3-SZG1直线杆地线横担结构图	①	1	
3	2GGF3-SZG1-03	2GGF3-SZG1直线杆导线横担结构图	②	1	
4	2GGF3-SZG1-04	2GGF3-SZG1直线杆导线横担结构图	③	1	
5	2GGF3-SZG1-05	2GGF3-SZG1直线杆身部结构图	④	1	
6	2GGF3-SZG1-06	2GGF3-SZG1直线杆身部结构图	⑤	1	
7	2GGF3-SZG1-07	2GGF3-SZG1直线杆身部结构图	⑥	1	
8	2GGF3-SZG1-08	2GGF3-SZG1直线杆身部结构图	⑦	1	
9	2GGF3-SZG1-09	2GGF3-SZG1直线杆身部结构图	⑧	1	
10	2GGF3-SZG1-10	2GGF3-SZG1直线杆33.0m腿部结构图	⑨	1	
11	2GGF3-SZG1-11	2GGF3-SZG1直线杆30.0m腿部结构图	⑩	1	
12	2GGF3-SZG1-12	2GGF3-SZG1直线杆27.0m腿部结构图	⑪	1	
13	2GGF3-SZG1-13	2GGF3-SZG1直线杆24.0m腿部结构图	⑫	1	
14	2GGF3-SZG1-14	2GGF3-SZG1直线杆21.0m腿部结构图	⑬	1	
15	2GGF3-SZG1-15	2GGF3-SZG1直线杆地线横担连接法兰		1	
16	2GGF3-SZG1-16	2GGF3-SZG1直线杆导线横担连接法兰		1	
17	2GGF3-SZG1-17	2GGF3-SZG1直线杆角钢爬梯加工图		1	

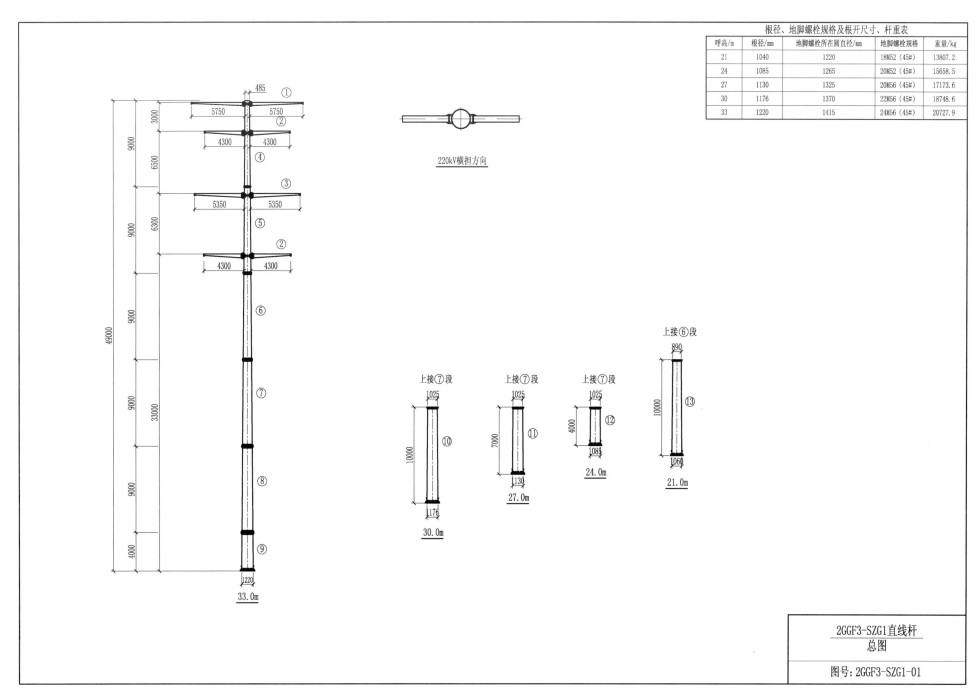

根径、地脚螺栓规格及根开尺寸、杆重表

呼高/m	根径/mm	地脚螺栓所在圆直径/mm	地脚螺栓规格	重量/kg
21	1040	1220	18M52（45#）	13807.2
24	1085	1265	20M52（45#）	15658.5
27	1130	1325	20M56（45#）	17173.6
30	1176	1370	22M56（45#）	18748.6
33	1220	1415	24M56（45#）	20727.9

220kV横担方向

上接⑦段

上接⑦段

上接⑦段

上接⑥段

30.0m

27.0m

24.0m

21.0m

33.0m

2GGF3-SZG1直线杆
总图

图号：2GGF3-SZG1-01

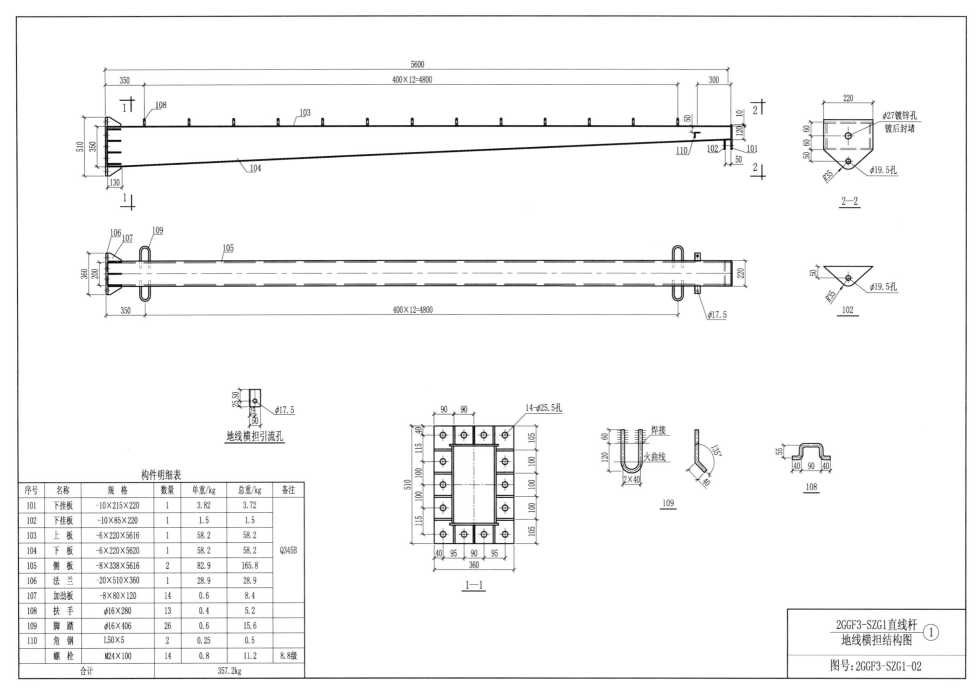

构件明细表

序号	名称	规格	数量	单重/kg	总重/kg	备注
101	下挂板	−10×215×220	1	3.82	3.72	
102	下挂板	−10×85×220	1	1.5	1.5	
103	上板	−6×220×5616	1	58.2	58.2	
104	下板	−6×220×5620	1	58.2	58.2	Q345B
105	侧板	−8×338×5616	2	82.9	165.8	
106	法兰	−20×510×360	1	28.9	28.9	
107	加劲板	−8×80×120	14	0.6	8.4	
108	扶手	φ16×280	13	0.4	5.2	
109	脚踏	φ16×406	26	0.6	15.6	
110	角钢	L50×5	2	0.25	0.5	
	螺栓	M24×100	14	0.8	11.2	8.8级
	合计				357.2kg	

2GGF3-SZG1直线杆 ①
地线横担结构图

图号：2GGF3-SZG1-02

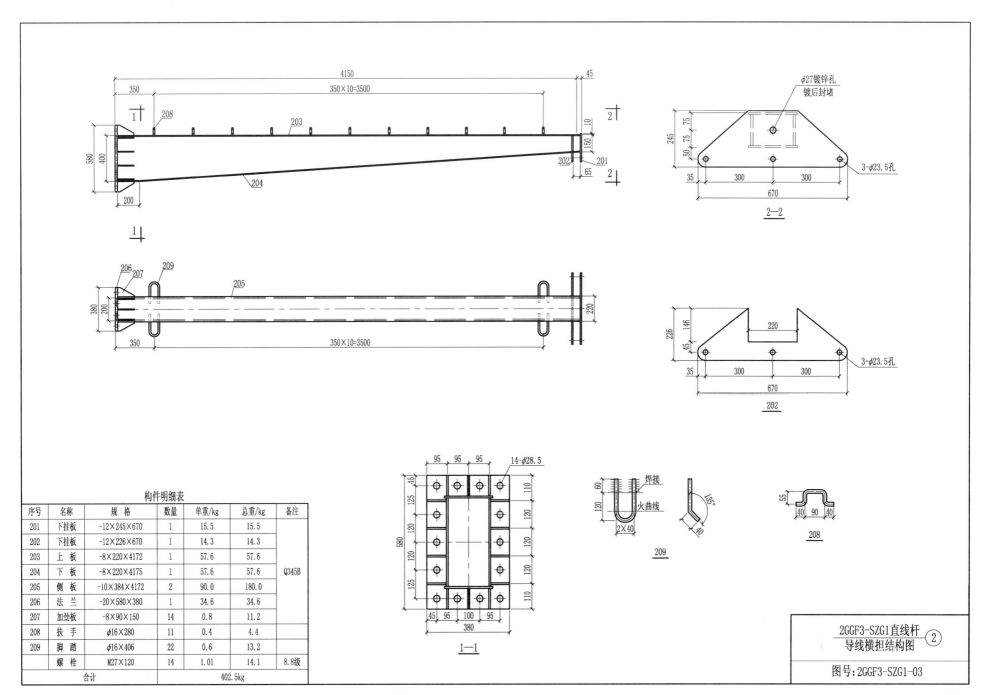

構件明細表

序号	名称	规格	数量	单重/kg	总重/kg	备注
201	下挂板	-12×245×670	1	15.5	15.5	
202	下挂板	-12×226×670	1	14.3	14.3	
203	上 板	-8×220×4172	1	57.6	57.6	
204	下 板	-8×220×4175	1	57.6	57.6	Q345B
205	侧 板	-10×384×4172	2	90.0	180.0	
206	法 兰	-20×580×380	1	34.6	34.6	
207	加劲板	-8×90×150	14	0.8	11.2	
208	扶 手	φ16×280	11	0.4	4.4	
209	脚 踏	φ16×406	22	0.6	13.2	
	螺 栓	M27×120	14	1.01	14.1	8.8级
合计					402.5kg	

2GGF3-SZG1直线杆
导线横担结构图 ②

图号:2GGF3-SZG1-03

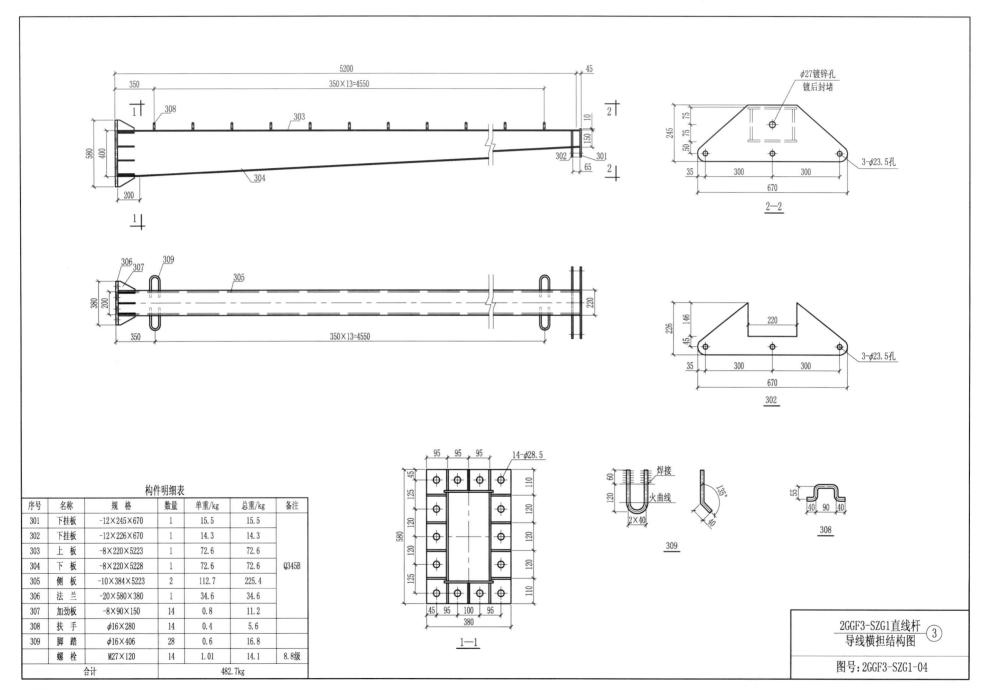

构件明细表

序号	名称	规格	数量	单重/kg	总重/kg	备注
301	下挂板	-12×245×670	1	15.5	15.5	
302	下挂板	-12×226×670	1	14.3	14.3	
303	上 板	-8×220×5223	1	72.6	72.6	
304	下 板	-8×220×5228	1	72.6	72.6	Q345B
305	侧 板	-10×384×5223	2	112.7	225.4	
306	法 兰	-20×580×380	1	34.6	34.6	
307	加劲板	-8×90×150	14	0.8	11.2	
308	扶 手	φ16×280	14	0.4	5.6	
309	脚 踏	φ16×406	28	0.6	16.8	
	螺 栓	M27×120	14	1.01	14.1	8.8级
	合计				482.7kg	

2GGF3-SZG1直线杆
导线横担结构图 ③

图号：2GGF3-SZG1-04

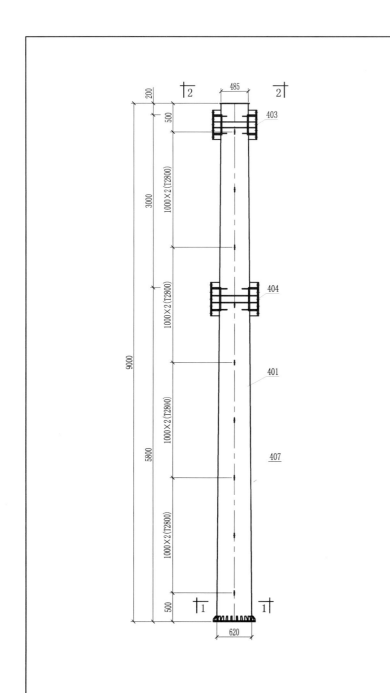

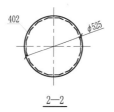

402

φ525

φ525×6

2—2

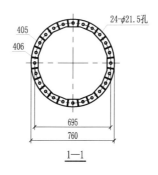

405

406

24-φ21.5孔

695

760

1—1

φ17.5×45孔

40

80

35

60

407

构件明细表						
序号	规格	数量	单重/kg	总重/kg	备注
401	(485/620)×10×8986	1	1217.9	1217.9	Q345B
402	φ525×6	1	10.4	10.4	
403	地线横担一法兰	1	158.4	158.4	标准件
404	导线横担二法兰	1	186.8	186.8	
405	φ760×16	1	19.0	19.0	Q345B
406	-6×70×80	24	0.3	7.2	
407	-8×60×80	9	0.3	2.7	
408	M20×90	24	0.5	12.0	8.8级
合计				1614.4kg	

2GGF3-SZG1直线杆
身部结构图 ④

图号：2GGF3-SZG1-05

33

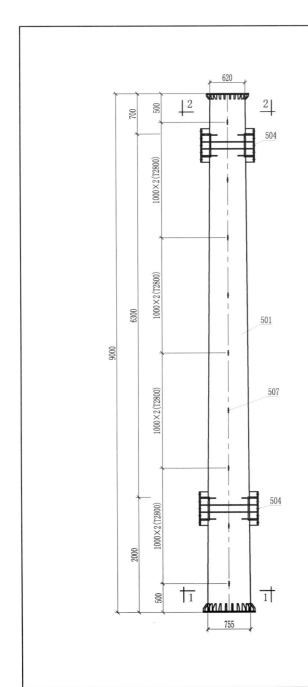

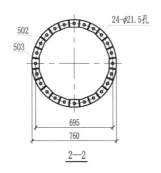

2—2

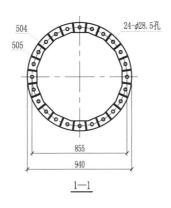

1—1

507

构件明细表					
序号	规 格	数量	单重/kg	总重/kg	备注
501	(620/755)×12×8984	1	1819.4	1819.4	
502	φ760×16	1	19.0	19.0	Q345B
503	-6×70×80	24	0.3	7.2	
504	导线横担三法兰	2	186.8	373.6	标准件
505	φ940×18	1	34.8	34.8	Q345B
506	-8×90×140	24	0.79	24.8	
507	-8×60×80	9	0.3	2.7	
508	M27×120	24	1.07	25.7	8.8级
合计				2307.2kg	

2GGF3-SZG1直线杆⑤
身部结构图

图号：2GGF3-SZG1-06

34

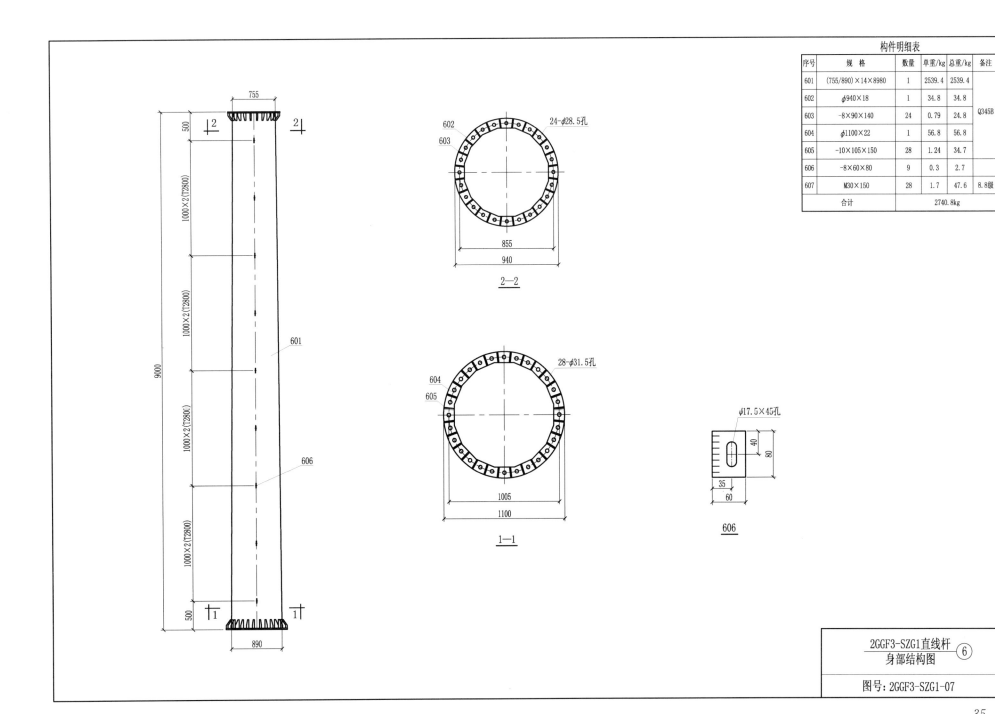

		构件明细表			
序号	规 格	数量	单重/kg	总重/kg	备注
601	(755/890)×14×8980	1	2539.4	2539.4	
602	φ940×18	1	34.8	34.8	
603	-8×90×140	24	0.79	24.8	Q345B
604	φ1100×22	1	56.8	56.8	
605	-10×105×150	28	1.24	34.7	
606	-8×60×80	9	0.3	2.7	
607	M30×150	28	1.7	47.6	8.8级
合计				2740.8kg	

2—2

1—1

606

2GGF3-SZG1直线杆
身部结构图 ⑥

图号: 2GGF3-SZG1-07

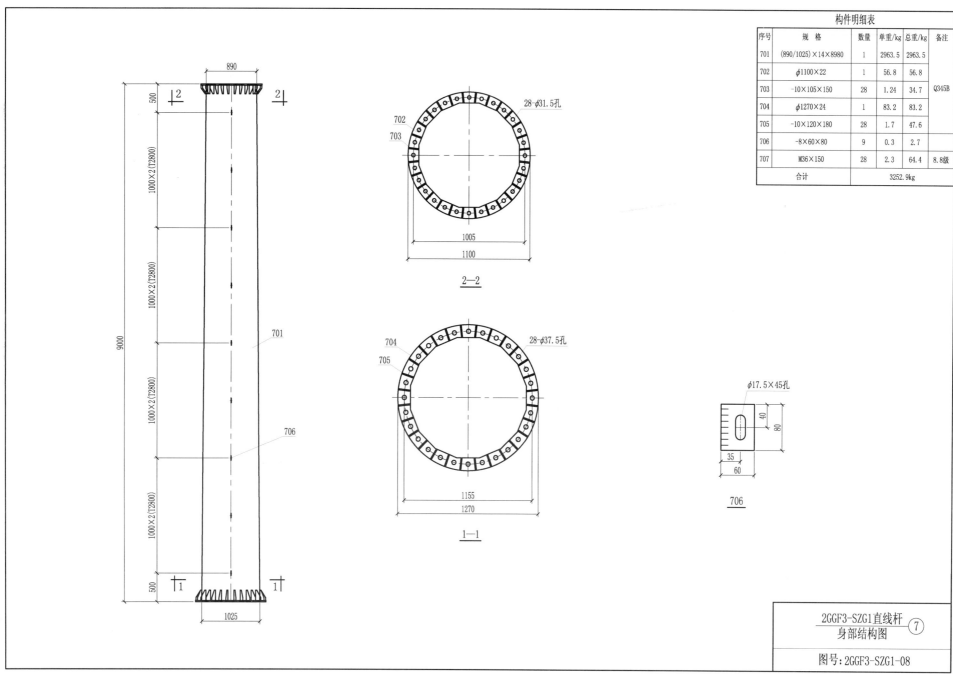

构件明细表					
序号	规 格	数量	单重/kg	总重/kg	备注
701	(890/1025)×14×8980	1	2963.5	2963.5	
702	φ1100×22	1	56.8	56.8	
703	-10×105×150	28	1.24	34.7	Q345B
704	φ1270×24	1	83.2	83.2	
705	-10×120×180	28	1.7	47.6	
706	-8×60×80	9	0.3	2.7	
707	M36×150	28	2.3	64.4	8.8级
合计				3252.9kg	

2—2

1—1

706

2GGF3-SZG1直线杆 ⑦
身部结构图

图号：2GGF3-SZG1-08

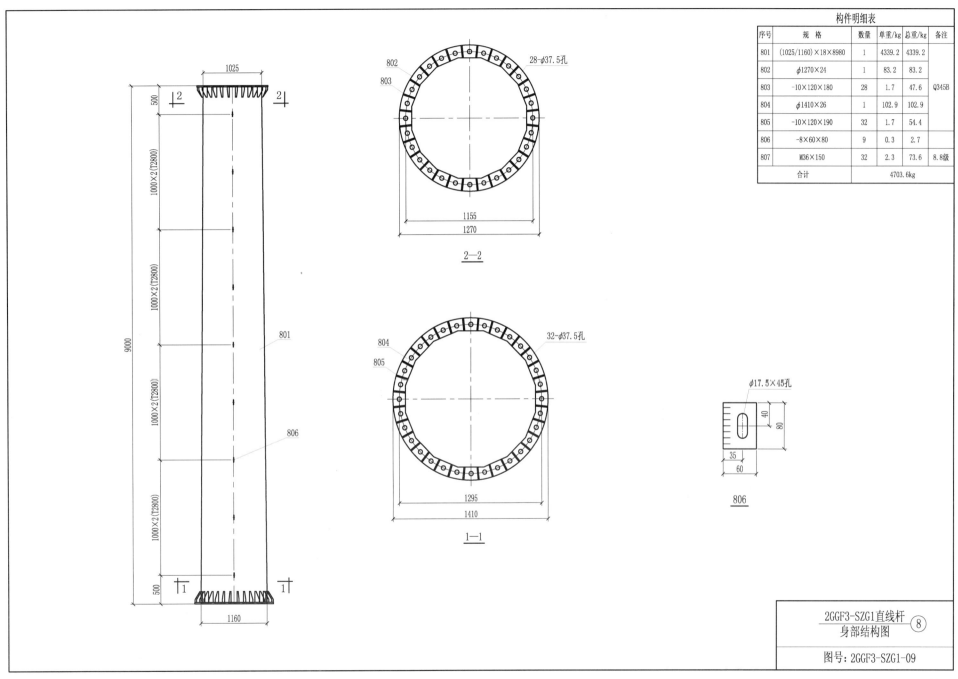

構件明細表

序号	规格	数量	单重/kg	总重/kg	备注
801	(1025/1160)×18×8980	1	4339.2	4339.2	
802	φ1270×24	1	83.2	83.2	
803	-10×120×180	28	1.7	47.6	Q345B
804	φ1410×26	1	102.9	102.9	
805	-10×120×190	32	1.7	54.4	
806	-8×60×80	9	0.3	2.7	
807	M36×150	32	2.3	73.6	8.8级
合计				4703.6kg	

28-φ37.5孔

2—2

32-φ37.5孔

1—1

φ17.5×45孔

806

2GGF3-SZG1直线杆
身部结构图 ⑧

图号：2GGF3-SZG1-09

37

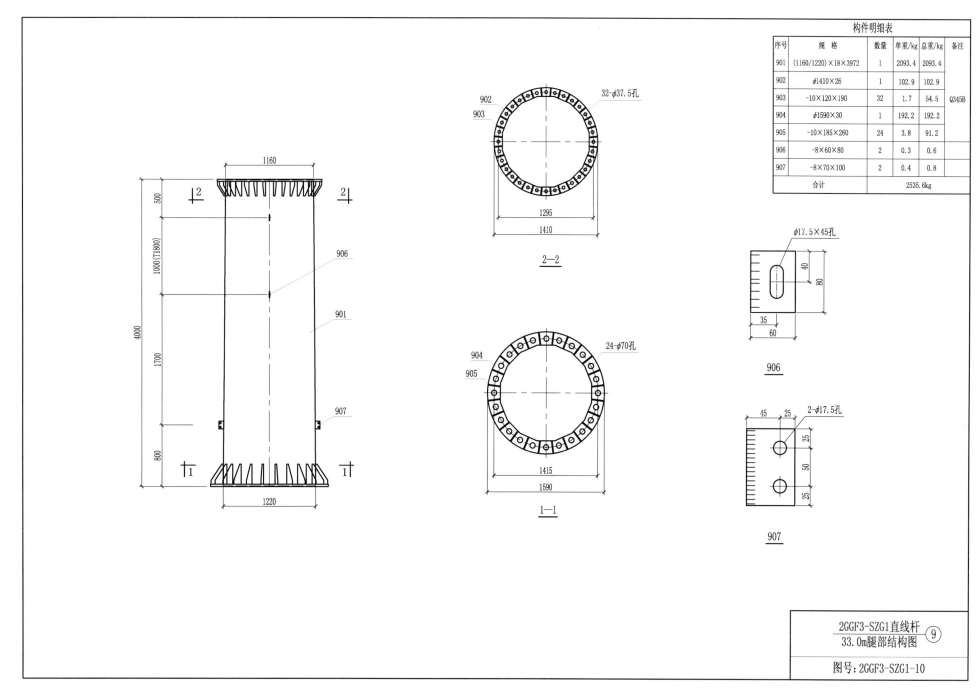

构件明细表

序号	规 格	数量	单重/kg	总重/kg	备注
901	(1160/1220)×18×3972	1	2093.4	2093.4	
902	φ1410×26	1	102.9	102.9	
903	-10×120×190	32	1.7	54.5	Q345B
904	φ1590×30	1	192.2	192.2	
905	-10×185×260	24	3.8	91.2	
906	-8×60×80	2	0.3	0.6	
907	-8×70×100	2	0.4	0.8	
合计				2535.6kg	

32-φ37.5孔

2—2

902
903

1295
1410

24-φ70孔

904
905

1415
1590

1—1

φ17.5×45孔

906

2-φ17.5孔

907

906
901
907

1160
500
1000(T1800)
4000
1700
800
1220

2GGF3-SZG1直线杆
33.0m腿部结构图 ⑨

图号:2GGF3-SZG1-10

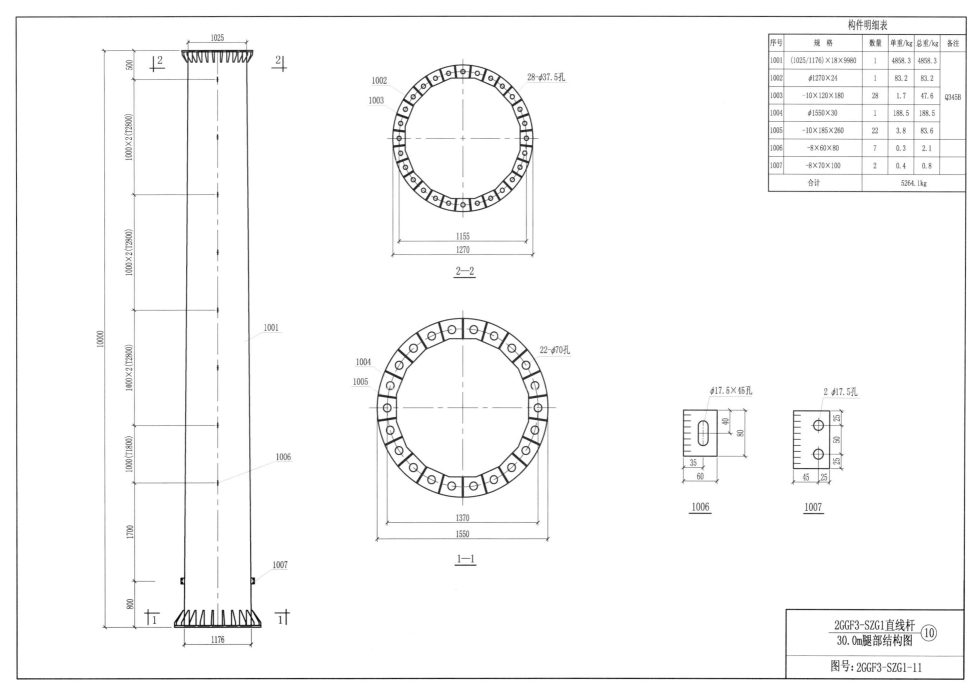

构件明细表

序号	规 格	数量	单重/kg	总重/kg	备注
1001	(1025/1176)×18×9980	1	4858.3	4858.3	
1002	φ1270×24	1	83.2	83.2	
1003	-10×120×180	28	1.7	47.6	Q345B
1004	φ1550×30	1	188.5	188.5	
1005	-10×185×260	22	3.8	83.6	
1006	-8×60×80	7	0.3	2.1	
1007	-8×70×100	2	0.4	0.8	
合计				5264.1kg	

28-φ37.5孔

2—2

22-φ70孔

1—1

φ17.5×45孔

2 φ17.5孔

1006

1007

2GGF3-SZG1直线杆
30.0m腿部结构图 ⑩

图号：2GGF3-SZG1-11

39

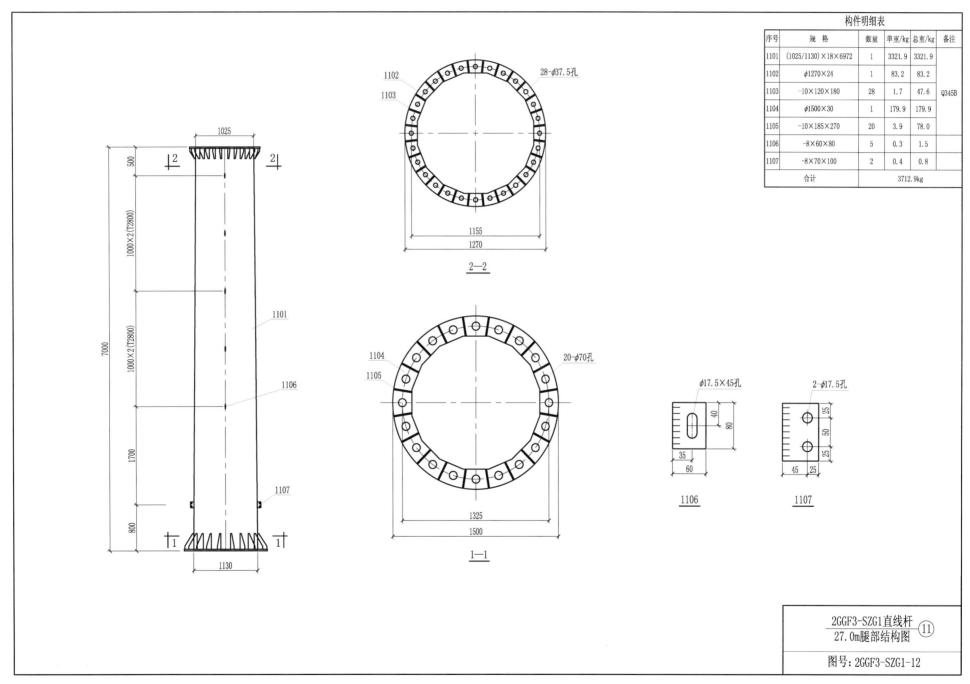

构件明细表

序号	规 格	数量	单重/kg	总重/kg	备注
1101	(1025/1130)×18×6972	1	3321.9	3321.9	
1102	φ1270×24	1	83.2	83.2	
1103	-10×120×180	28	1.7	47.6	Q345B
1104	φ1500×30	1	179.9	179.9	
1105	-10×185×270	20	3.9	78.0	
1106	-8×60×80	5	0.3	1.5	
1107	-8×70×100	2	0.4	0.8	
合计				3712.9kg	

28-φ37.5孔

2—2

20-φ70孔

1—1

φ17.5×45孔

2-φ17.5孔

1106

1107

2GGF3-SZG1直线杆
27.0m腿部结构图 ⑪

图号: 2GGF3-SZG1-12

40

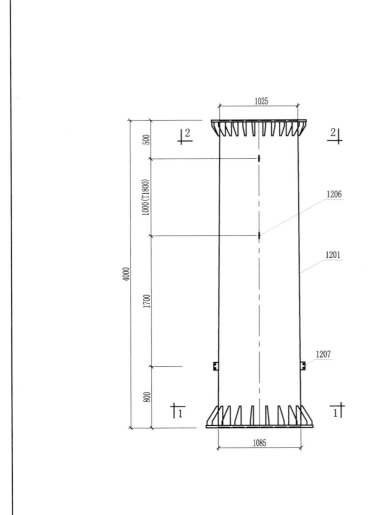

构件明细表

序号	规 格	数量	单重/kg	总重/kg	备注
1201	(1025/1085)×18×3980	1	1856	1856	
1202	φ1270×24	1	83.2	83.2	
1203	-10×120×180	28	1.7	47.6	Q345B
1204	φ1430×30	1	160.4	160.4	
1205	-10×170×250	20	3.4	68.0	
1206	-8×60×80	2	0.3	0.6	
1207	-8×70×100	2	0.4	0.8	
合计				2216.6kg	

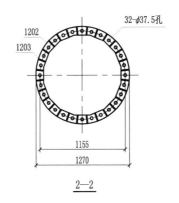

2—2

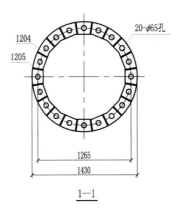

1—1

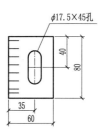

1206

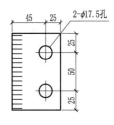

1207

2GGF3-SZG1直线杆
24.0m腿部结构图 ⑫

图号：2GGF3-SZG1-13

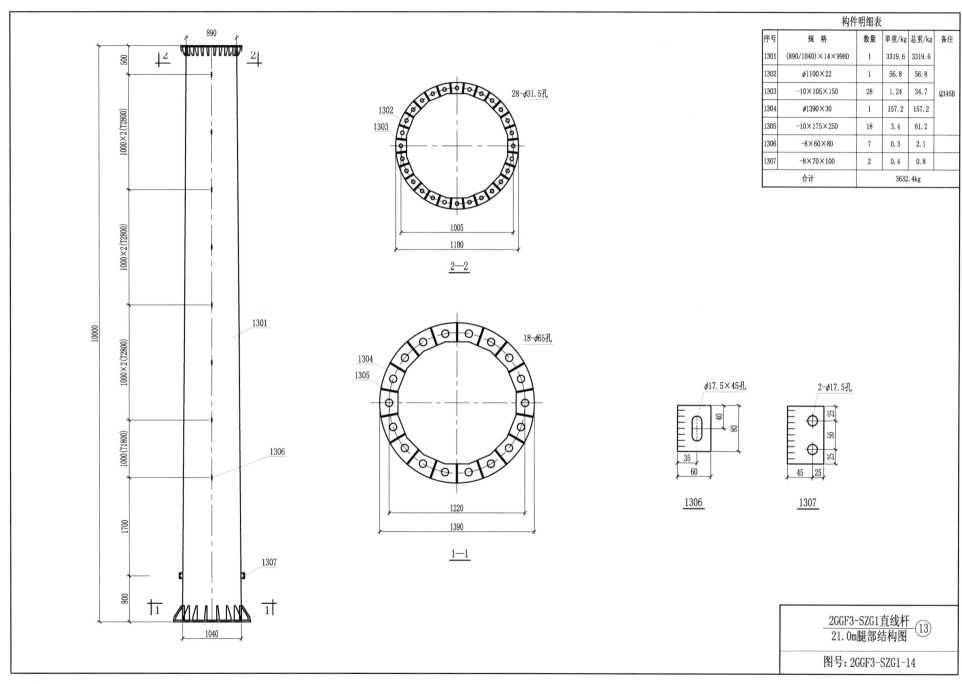

构件明细表

序号	规 格	数量	单重/kg	总重/kg	备注
1301	(890/1040)×14×9980	1	3319.6	3319.6	
1302	φ1100×22	1	56.8	56.8	
1303	-10×105×150	28	1.24	34.7	Q345B
1304	φ1390×30	1	157.2	157.2	
1305	-10×175×250	18	3.4	61.2	
1306	-8×60×80	7	0.3	2.1	
1307	-8×70×100	2	0.4	0.8	
合计				3632.4kg	

2GGF3-SZG1直线杆 ⑬
21.0m腿部结构图

图号: 2GGF3-SZG1-14

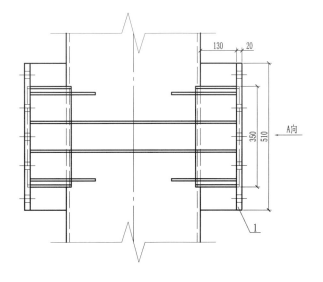

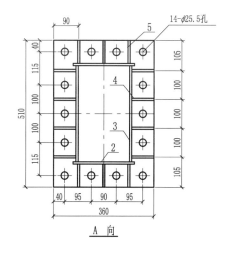

14-φ25.5孔

A 向

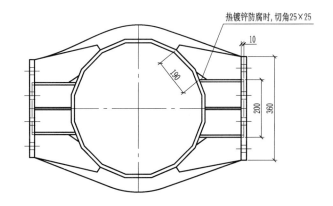

热镀锌防腐时,切角25×25

构件明细表

序号	规　格	数量	单重/kg	总重/kg	备注
1	-20×360×510	2	28.8	57.6	
2	-8×220	4	2.1	8.4	
3	-8×284	4	3.0	12.0	158.4kg
4	-8	8	3.6	28.8	
5	-8	12	0.7	8.4	
6	-8	4	10.8	43.2	

说明:
序号2、3、4、5尺寸以实际放样为准。

2GGF3-SZG1直线杆
地线横担连接法兰

图号:2GGF3-SZG1-15

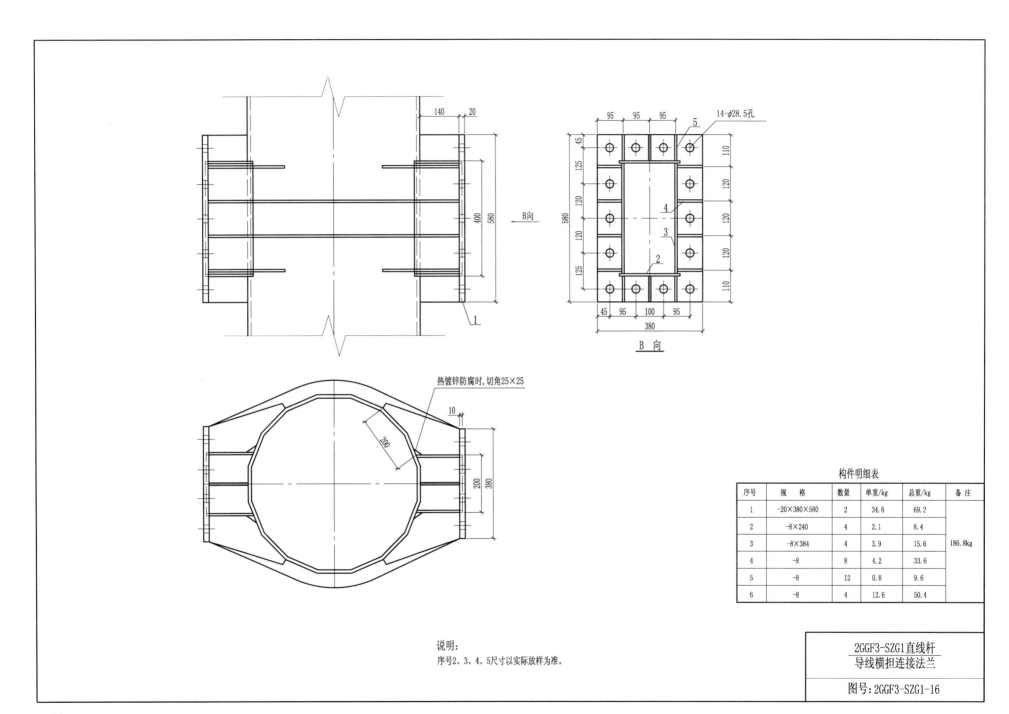

热镀锌防腐时,切角25×25

14-φ28.5孔

B向

B 向

构件明细表

序号	规 格	数量	单重/kg	总重/kg	备 注
1	-20×380×580	2	34.6	69.2	
2	-8×240	4	2.1	8.4	186.8kg
3	-8×384	4	3.9	15.6	
4	-8	8	4.2	33.6	
5	-8	12	0.8	9.6	
6	-8	4	12.6	50.4	

说明:
序号2、3、4、5尺寸以实际放样为准。

2GGF3-SZG1直线杆
导线横担连接法兰

图号:2GGF3-SZG1-16

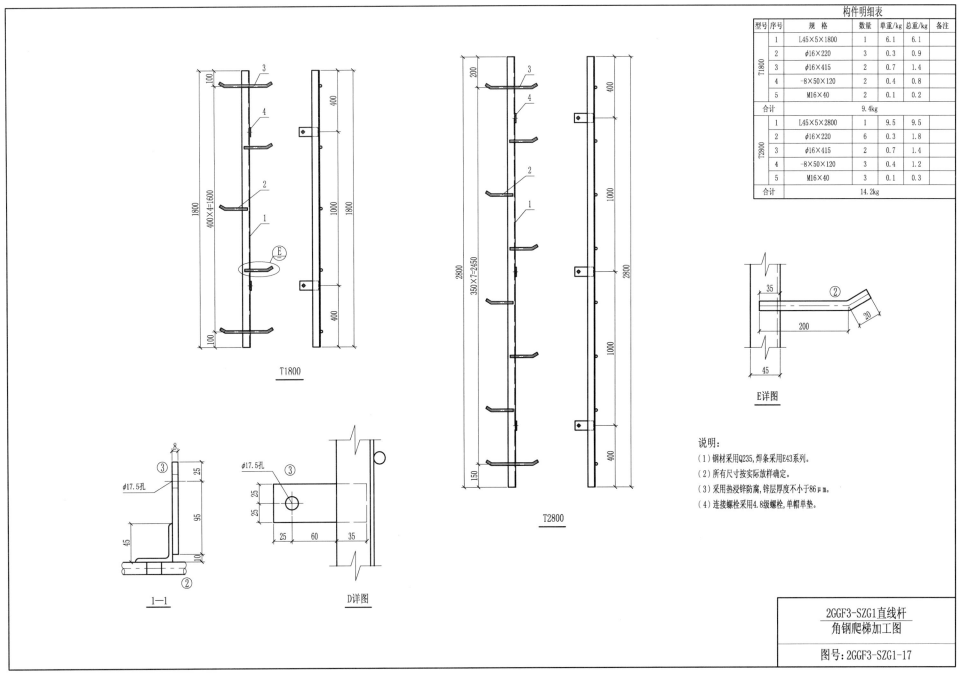

构件明细表							
型号	序号	规格	数量	单重/kg	总重/kg	备注	
T1800	1	L45×5×1800	1	6.1	6.1		
	2	φ16×220	3	0.3	0.9		
	3	φ16×415	2	0.7	1.4		
	4	−8×50×120	2	0.4	0.8		
	5	M16×40	2	0.1	0.2		
合计					9.4kg		
T2800	1	L45×5×2800	1	9.5	9.5		
	2	φ16×220	6	0.3	1.8		
	3	φ16×415	2	0.7	1.4		
	4	−8×50×120	3	0.4	1.2		
	5	M16×40	3	0.1	0.3		
合计					14.2kg		

T1800

T2800

E详图

1—1

D详图

说明:
（1）钢材采用Q235,焊条采用E43系列。
（2）所有尺寸按实际放样确定。
（3）采用热浸锌防腐,锌层厚度不小于86μm。
（4）连接螺栓采用4.8级螺栓,单帽单垫。

2GGF3-SZG1直线杆
角钢爬梯加工图

图号：2GGF3-SZG1-17

第 10 章

2GGF3-SZG2 钢管杆加工图

2GGF3-SZG2图 纸 目 录

序号	图 号	图 名	张数	备 注
1	2GGF3-SZG2-01	2GGF3-SZG2直线杆总图	1	
2	2GGF3-SZG2-02	2GGF3-SZG2直线杆地线横担结构图 ①	1	
3	2GGF3-SZG2-03	2GGF3-SZG2直线杆导线横担结构图 ②	1	
4	2GGF3-SZG2-04	2GGF3-SZG2直线杆导线横担结构图 ③	1	
5	2GGF3-SZG2-05	2GGF3-SZG2直线杆身部结构图 ④	1	
6	2GGF3-SZG2-06	2GGF3-SZG2直线杆身部结构图 ⑤	1	
7	2GGF3-SZG2-07	2GGF3-SZG2直线杆身部结构图 ⑥	1	
8	2GGF3-SZG2-08	2GGF3-SZG2直线杆身部结构图 ⑦	1	
9	2GGF3-SZG2-09	2GGF3-SZG2直线杆身部结构图 ⑧	1	
10	2GGF3-SZG2-10	2GGF3-SZG2直线杆39.0m腿部结构图 ⑨	1	
11	2GGF3-SZG2-11	2GGF3-SZG2直线杆36.0m腿部结构图 ⑩	1	
12	2GGF3-SZG2-12	2GGF3-SZG2直线杆33.0m腿部结构图 ⑪	1	
13	2GGF3-SZG2-13	2GGF3-SZG2直线杆30.0m腿部结构图 ⑫	1	
14	2GGF3-SZG2-14	2GGF3-SZG2直线杆27.0m腿部结构图 ⑬	1	
15	2GGF3-SZG2-15	2GGF3-SZG2直线杆地线横担连接法兰	1	
16	2GGF3-SZG2-16	2GGF3-SZG2直线杆导线横担连接法兰	1	
17	2GGF3-SZG2-17	2GGF3-SZG2直线杆角钢爬梯加工图	1	

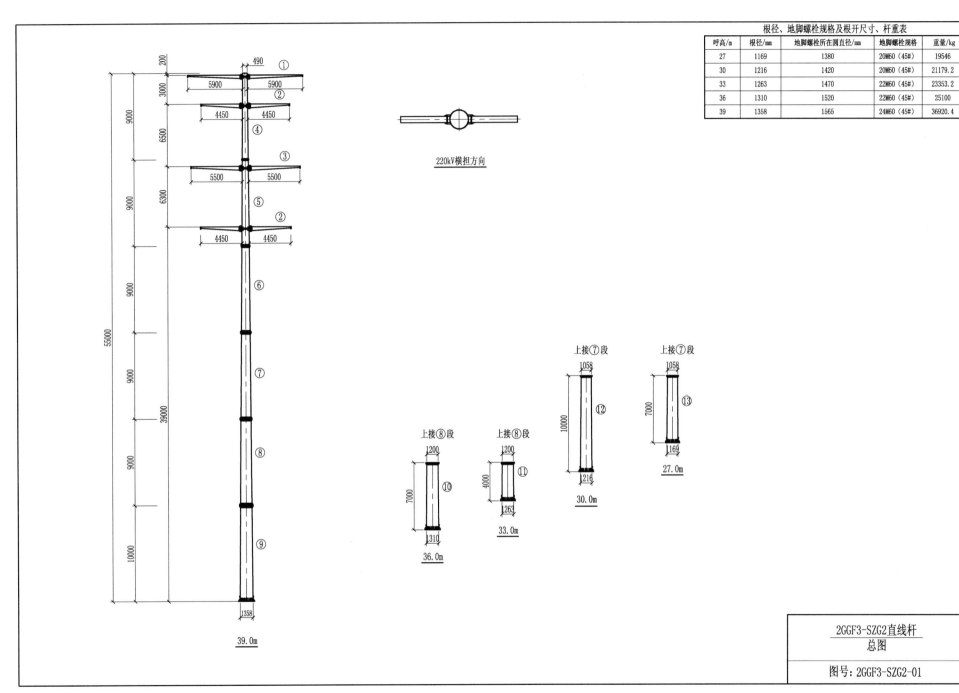

根径、地脚螺栓规格及根开尺寸、杆重表

呼高/m	根径/mm	地脚螺栓所在圆直径/mm	地脚螺栓规格	重量/kg
27	1169	1380	20M60（45#）	19546
30	1216	1420	20M60（45#）	21179.2
33	1263	1470	22M60（45#）	23353.2
36	1310	1520	22M60（45#）	25100
39	1358	1565	24M60（45#）	36920.4

220kV横担方向

2GGF3-SZG2直线杆
总图

图号：2GGF3-SZG2-01

47

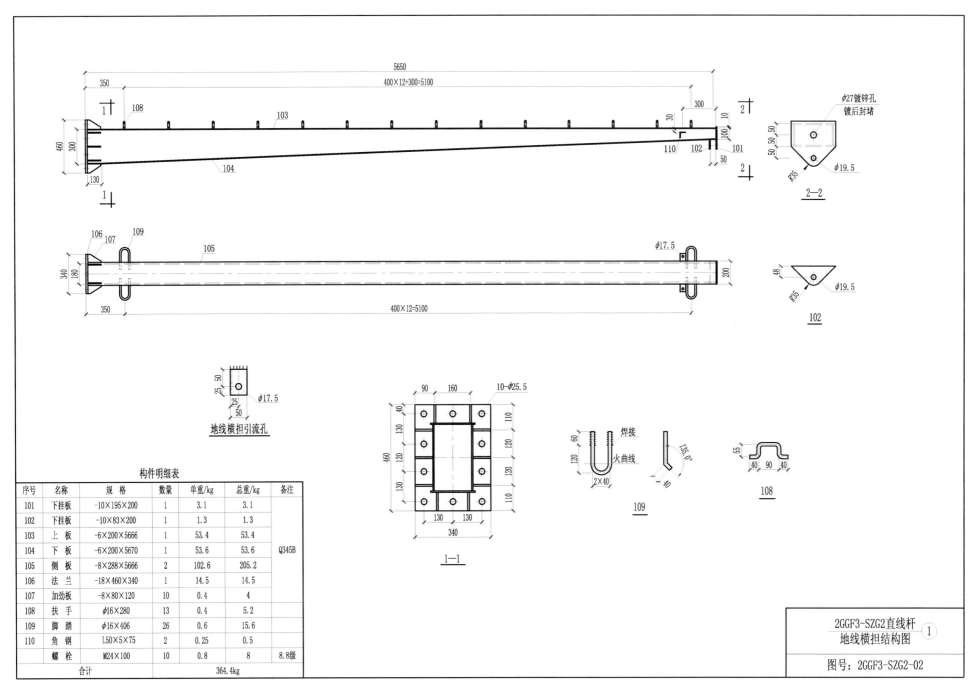

序号	名称	规 格	数量	单重/kg	总重/kg	备注
101	下挂板	-10×195×200	1	3.1	3.1	
102	下挂板	-10×83×200	1	1.3	1.3	
103	上 板	-6×200×5666	1	53.4	53.4	
104	下 板	-6×200×5670	1	53.6	53.6	Q345B
105	侧 板	-8×288×5666	2	102.6	205.2	
106	法 兰	-18×460×340	1	14.5	14.5	
107	加劲板	-8×80×120	10	0.4	4	
108	扶 手	φ16×280	13	0.4	5.2	
109	脚 踏	φ16×406	26	0.6	15.6	
110	角 钢	L50×5×75	2	0.25	0.5	
	螺 栓	M24×100	10	0.8	8	8.8级
合计					364.4kg	

构件明细表

地线横担引流孔

2GGF3-SZG2直线杆
地线横担结构图   ①

图号：2GGF3-SZG2-02

48

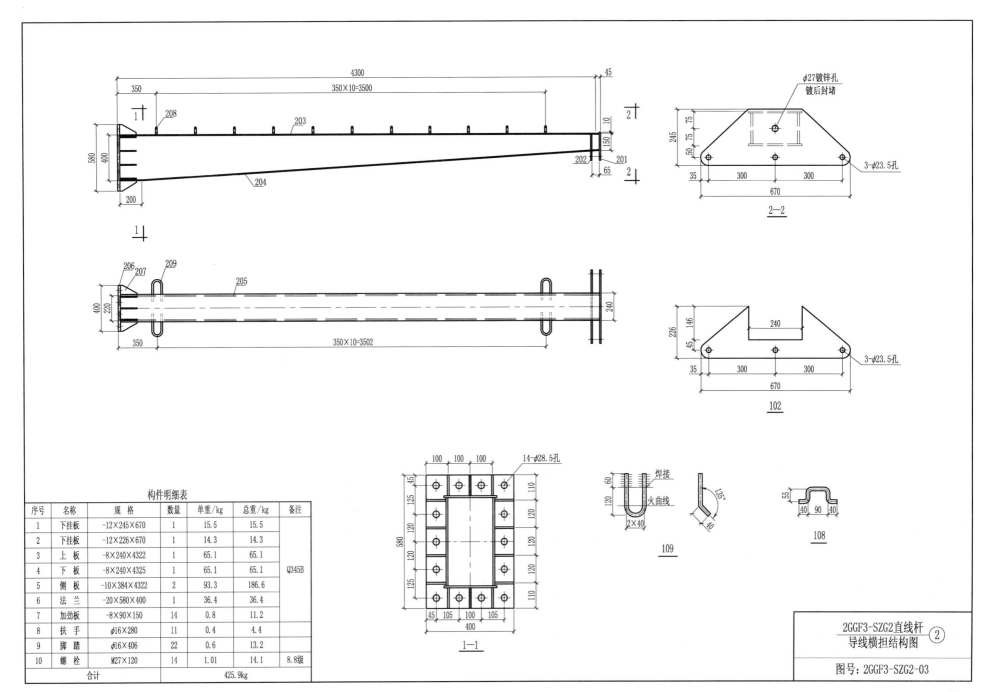

序号	名称	规格	数量	单重/kg	总重/kg	备注
1	下挂板	-12×245×670	1	15.5	15.5	
2	下挂板	-12×226×670	1	14.3	14.3	
3	上 板	-8×240×4322	1	65.1	65.1	
4	下 板	-8×240×4325	1	65.1	65.1	Q345B
5	侧 板	-10×384×4322	2	93.3	186.6	
6	法 兰	-20×580×400	1	36.4	36.4	
7	加劲板	-8×90×150	14	0.8	11.2	
8	扶 手	φ16×280	11	0.4	4.4	
9	脚 踏	φ16×406	22	0.6	13.2	
10	螺 栓	M27×120	14	1.01	14.1	8.8级
合计					425.9kg	

构件明细表

2GGF3-SZG2直线杆
导线横担结构图 ②

图号：2GGF3-SZG2-03

49

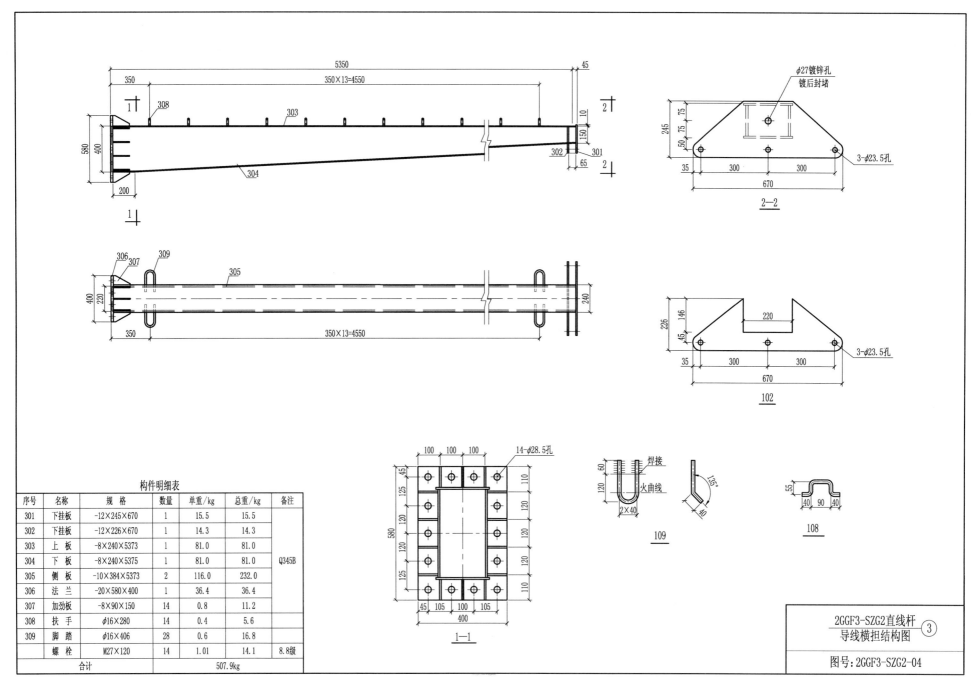

构件明细表

序号	名称	规格	数量	单重/kg	总重/kg	备注
301	下挂板	-12×245×670	1	15.5	15.5	
302	下挂板	-12×226×670	1	14.3	14.3	
303	上 板	-8×240×5373	1	81.0	81.0	
304	下 板	-8×240×5375	1	81.0	81.0	Q345B
305	侧 板	-10×384×5373	2	116.0	232.0	
306	法 兰	-20×580×400	1	36.4	36.4	
307	加劲板	-8×90×150	14	0.8	11.2	
308	扶 手	φ16×280	14	0.4	5.6	
309	脚 踏	φ16×406	28	0.6	16.8	
	螺 栓	M27×120	14	1.01	14.1	8.8级
	合计				507.9kg	

2GGF3-SZG2直线杆 ③
导线横担结构图

图号：2GGF3-SZG2-04

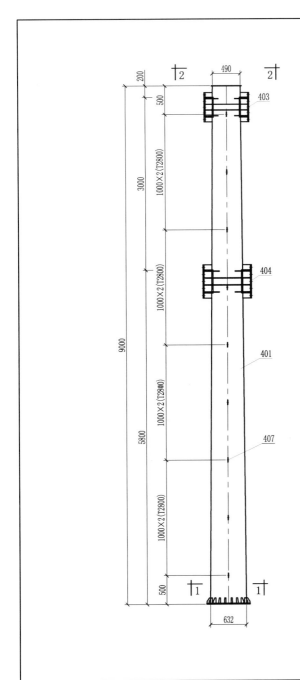

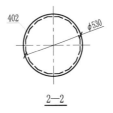

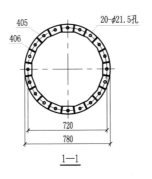

φ17.5×45孔

407

构件明细表

序号	规格	数量	单重/kg	总重/kg	备注
401	(490/632)×12×8986	1	1479	1479	Q345B
402	φ530×6	1	10.8	10.8	
403	地线横担一法兰	1	158.4	158.4	标准件
404	导线横担二法兰	1	190.4	190.4	
405	φ780×16	1	20.6	20.6	Q345B
406	-6×70×90	20	0.3	6.0	
407	-8×60×80	9	0.3	2.7	
408	M20×90	20	0.5	10.0	8.8级
合计				1877.9kg	

2GGF3-SZG2直线杆
身部结构图 ④

图号：2GGF3-SZG2-05

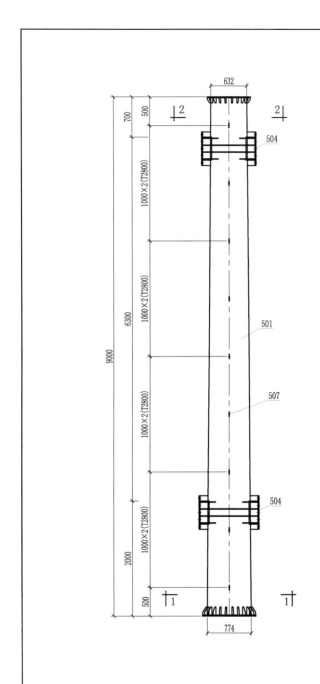

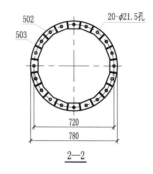

构件明细表						
序号	规 格	数量	单重/kg	总重/kg	备注	
501	(632/774)×14×8982	1	2164.6	2164.6		
502	φ780×16	1	20.6	20.6	Q345B	
503	-6×70×90	20	0.3	6.0		
504	导线横担二法兰	2	190.4	380.8	标准件	
505	φ960×20	1	39.7	39.7	Q345B	
506	-8×90×140	24	0.8	19.2		
507	-8×60×80	9	0.3	2.7		
508	M27×120	24	1.07	25.7	8.8级	
合计				2659.3kg		

20-φ21.5孔

502

503

2—2

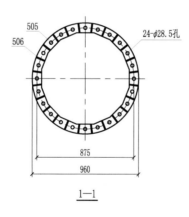

24-φ28.5孔

505

506

1—1

φ17.5×45孔

507

2GGF3-SZG2直线杆
身部结构图 ⑤

图号：2GGF3-SZG2-06

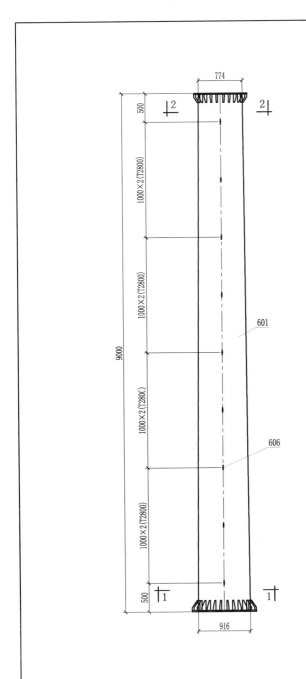

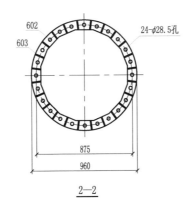

2—2

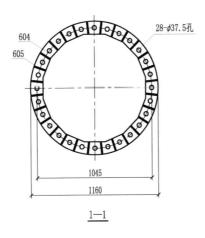

1—1

606

构件明细表						
序号	规 格	数量	单重/kg	总重/kg	备注	
601	(774/916)×16×8980	1	2975.8	2975.8		
602	φ960×20	1	39.7	39.7		
603	-8×90×140	24	0.8	19.2	Q345B	
604	φ1160×22	1	68.7	68.7		
605	-10×120×170	28	1.6	44.8		
606	-8×60×80	9	0.3	2.7		
607	M36×150	28	2.3	64.4	8.8级	
合计				3215.3kg		

2GGF3-SZG2直线杆
身部结构图 ⑥

图号：2GGF3-SZG2-07

53

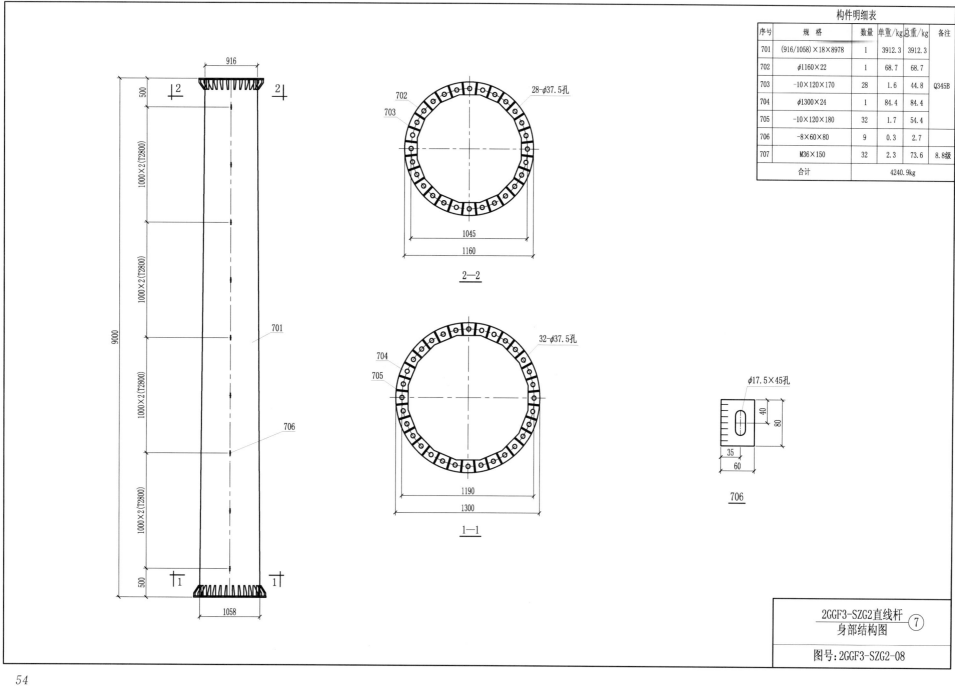

构件明细表

序号	规 格	数量	单重/kg	总重/kg	备注
701	(916/1058)×18×8978	1	3912.3	3912.3	
702	φ1160×22	1	68.7	68.7	
703	-10×120×170	28	1.6	44.8	Q345B
704	φ1300×24	1	84.4	84.4	
705	-10×120×180	32	1.7	54.4	
706	-8×60×80	9	0.3	2.7	
707	M36×150	32	2.3	73.6	8.8级
合计				4240.9kg	

2GGF3-SZG2直线杆
身部结构图 ⑦

图号：2GGF3-SZG2-08

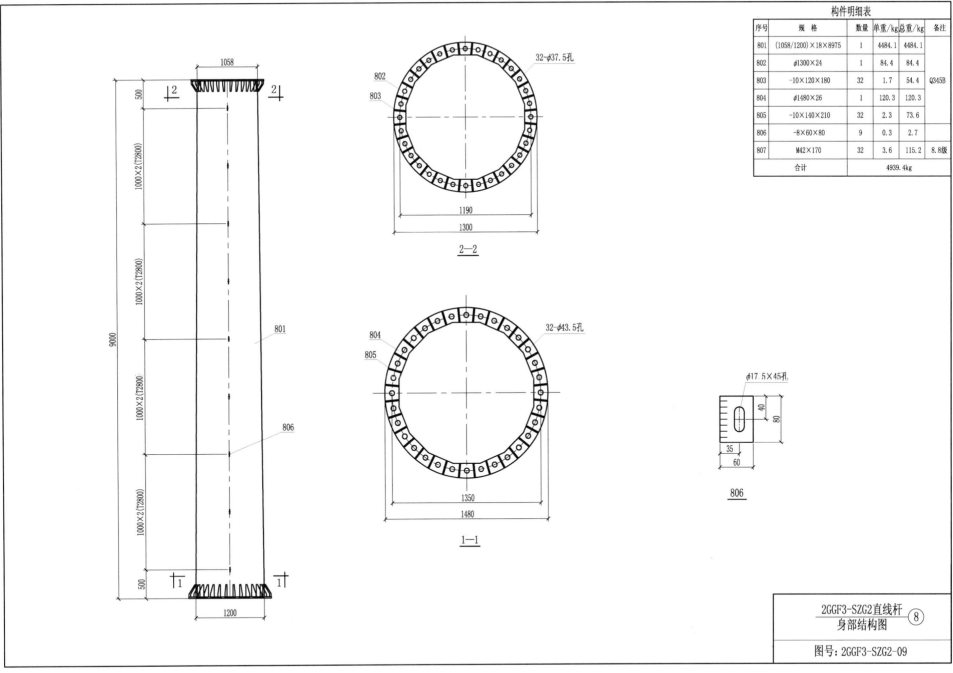

构件明细表

序号	规 格	数量	单重/kg	总重/kg	备注
801	(1058/1200)×18×8975	1	4484.1	4484.1	
802	φ1300×24	1	84.4	84.4	
803	-10×120×180	32	1.7	54.4	Q345B
804	φ1480×26	1	120.3	120.3	
805	-10×140×210	32	2.3	73.6	
806	-8×60×80	9	0.3	2.7	
807	M42×170	32	3.6	115.2	8.8级
合计				4939.4kg	

2—2

1—1

806

2GGF3-SZG2直线杆
身部结构图 ⑧

图号：2GGF3-SZG2-09

55

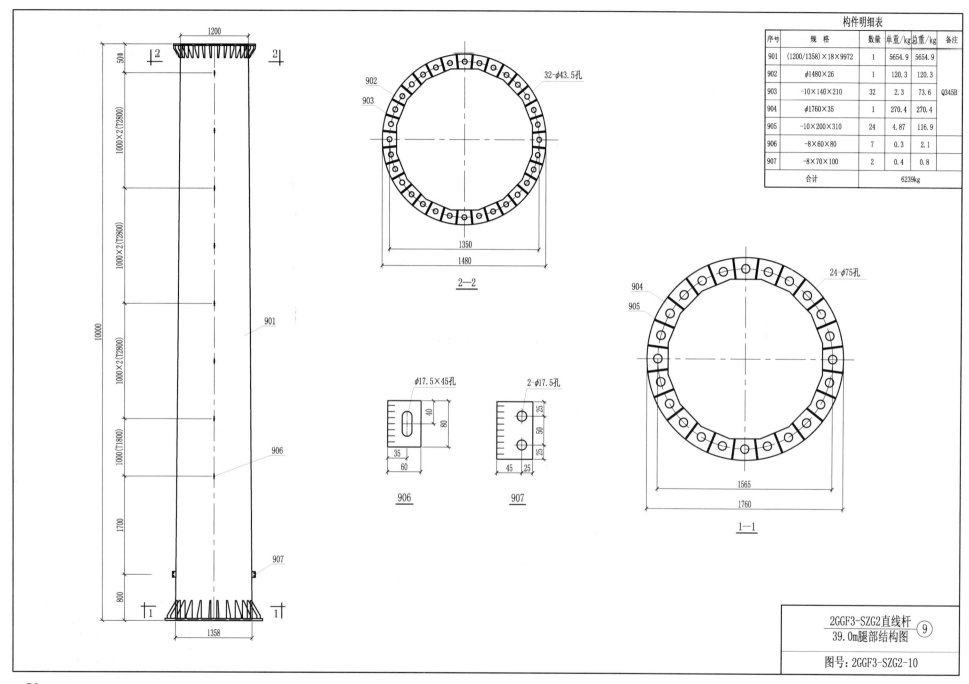

构件明细表					
序号	规 格	数量	单重/kg	总重/kg	备注
901	(1200/1358)×18×9972	1	5654.9	5654.9	
902	φ1480×26	1	120.3	120.3	
903	-10×140×210	32	2.3	73.6	Q345B
904	φ1760×35	1	270.4	270.4	
905	-10×200×310	24	4.87	116.9	
906	-8×60×80	7	0.3	2.1	
907	-8×70×100	2	0.4	0.8	
合计				6239kg	

2—2

906

907

1—1

2GGF3-SZG2直线杆
39.0m腿部结构图 ⑨

图号：2GGF3-SZG2-10

56

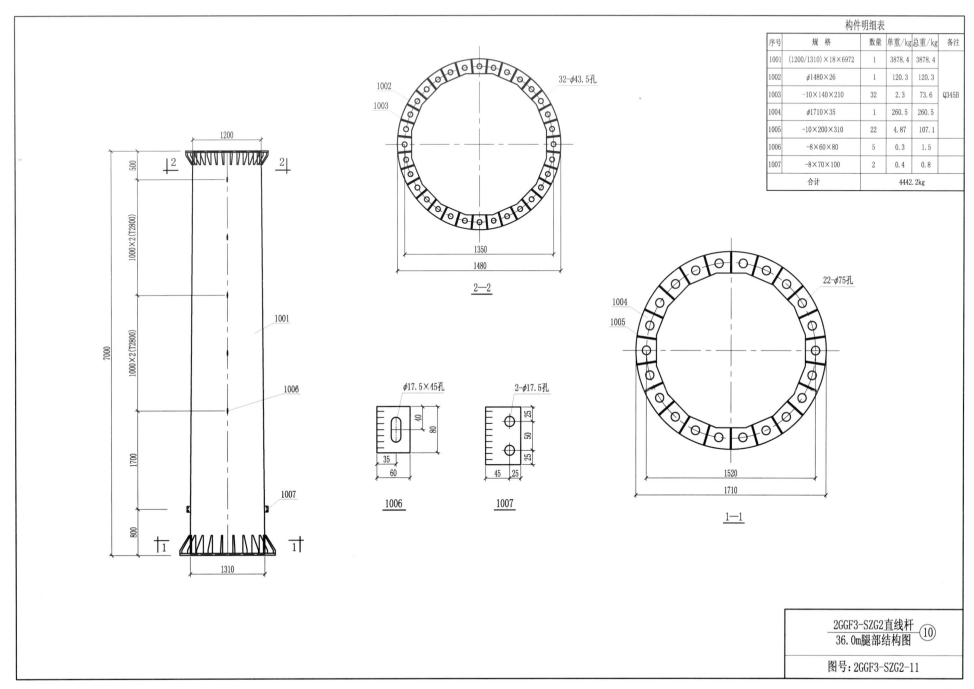

构件明细表

序号	规 格	数量	单重/kg	总重/kg	备注
1001	(1200/1310)×18×6972	1	3878.4	3878.4	
1002	φ1480×26	1	120.3	120.3	
1003	-10×140×210	32	2.3	73.6	Q345B
1004	φ1710×35	1	260.5	260.5	
1005	-10×200×310	22	4.87	107.1	
1006	-8×60×80	5	0.3	1.5	
1007	-8×70×100	2	0.4	0.8	
合计				4442.2kg	

2GGF3-SZG2直线杆
36.0m腿部结构图 ⑩

图号：2GGF3-SZG2-11

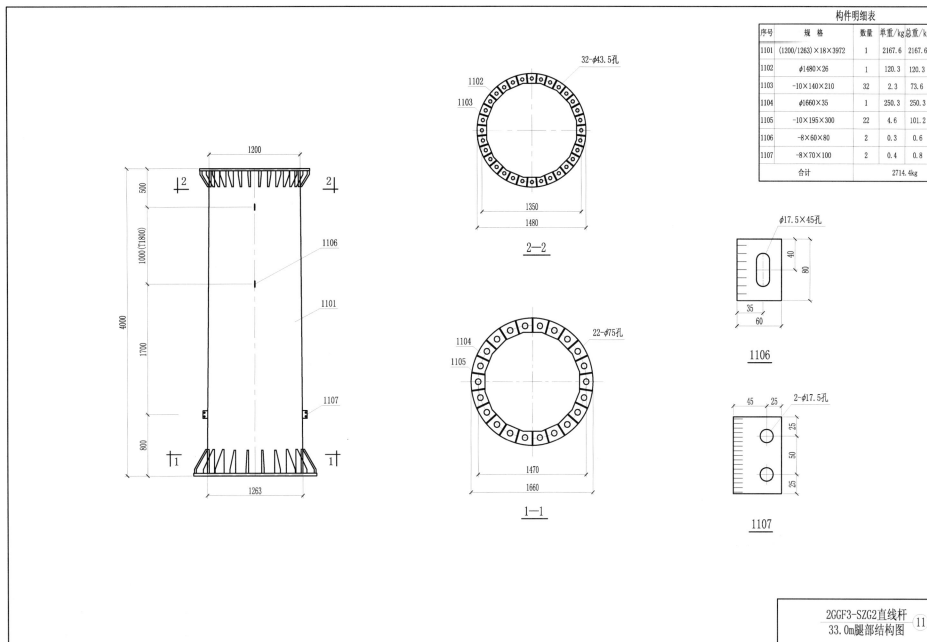

构件明细表					
序号	规　格	数量	单重/kg	总重/kg	备注
1101	(1200/1263)×18×3972	1	2167.6	2167.6	
1102	φ1480×26	1	120.3	120.3	
1103	-10×140×210	32	2.3	73.6	Q345B
1104	φ1660×35	1	250.3	250.3	
1105	-10×195×300	22	4.6	101.2	
1106	-8×60×80	2	0.3	0.6	
1107	-8×70×100	2	0.4	0.8	
合计				2714.4kg	

32-φ43.5孔

2—2

22-φ75孔

1—1

φ17.5×45孔

1106

2-φ17.5孔

1107

2GGF3-SZG2直线杆
33.0m腿部结构图 ⑪

图号: 2GGF3-SZG2-12

58

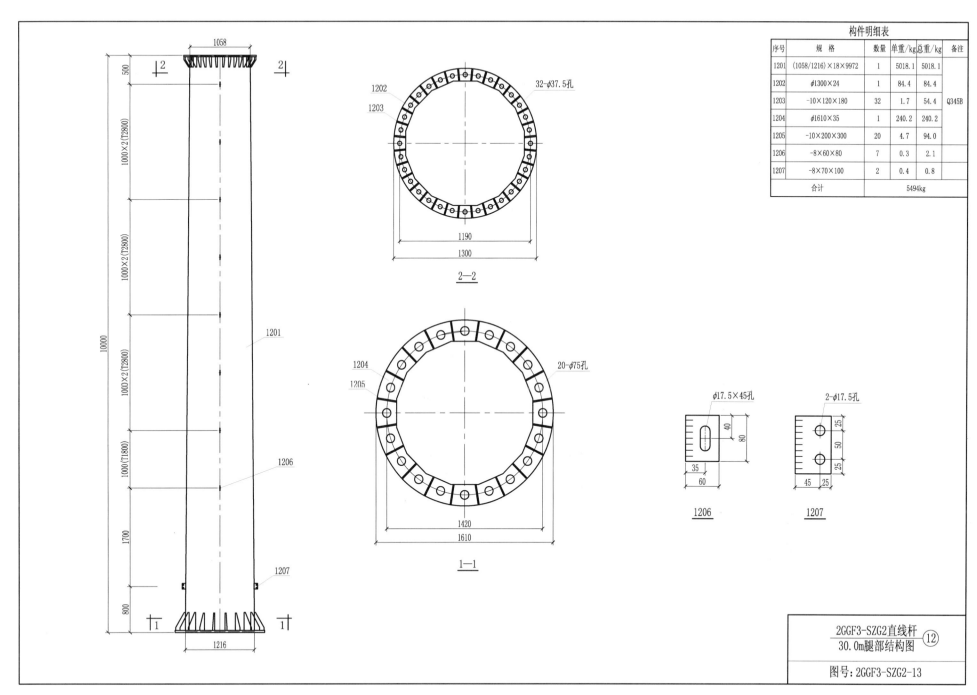

构件明细表					
序号	规 格	数量	单重/kg	总重/kg	备注
1201	(1058/1216)×18×9972	1	5018.1	5018.1	
1202	φ1300×24	1	84.4	84.4	
1203	-10×120×180	32	1.7	54.4	Q345B
1204	φ1610×35	1	240.2	240.2	
1205	-10×200×300	20	4.7	94.0	
1206	-8×60×80	7	0.3	2.1	
1207	-8×70×100	2	0.4	0.8	
合计				5494kg	

32-φ37.5孔

2—2

20-φ75孔

1—1

φ17.5×45孔

2-φ17.5孔

1206

1207

2GGF3-SZG2直线杆 ⑫
30.0m腿部结构图

图号: 2GGF3-SZG2-13

59

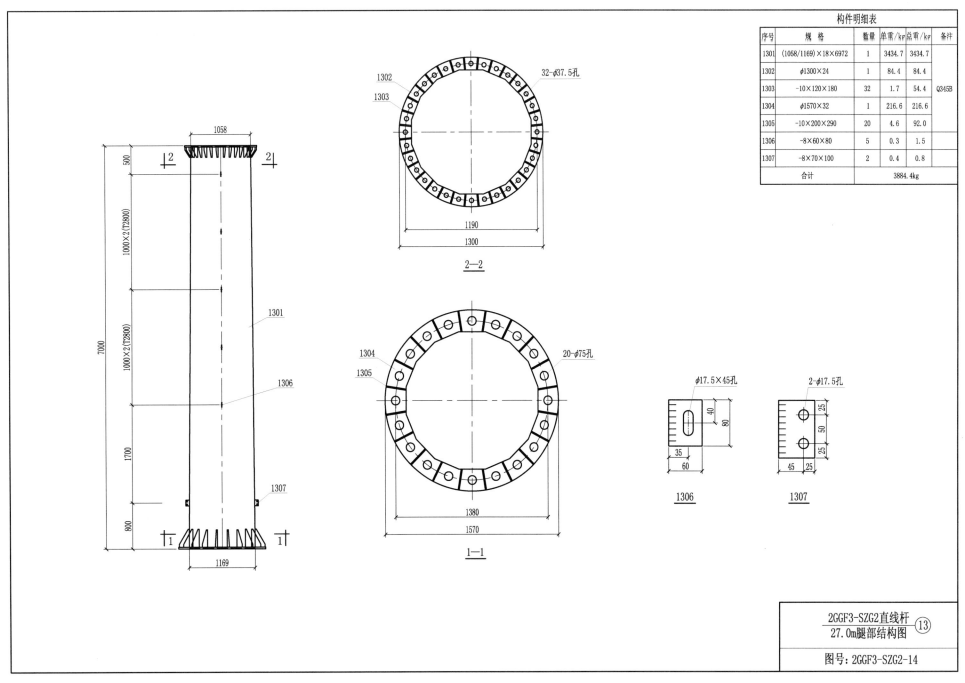

构件明细表

序号	规 格	数量	单重/kg	总重/kg	备注
1301	(1058/1169)×18×6972	1	3434.7	3434.7	
1302	φ1300×24	1	84.4	84.4	
1303	-10×120×180	32	1.7	54.4	Q345B
1304	φ1570×32	1	216.6	216.6	
1305	-10×200×290	20	4.6	92.0	
1306	-8×60×80	5	0.3	1.5	
1307	-8×70×100	2	0.4	0.8	
合计				3884.4kg	

2GGF3-SZG2直线杆⑬
27.0m腿部结构图

图号：2GGF3-SZG2-14

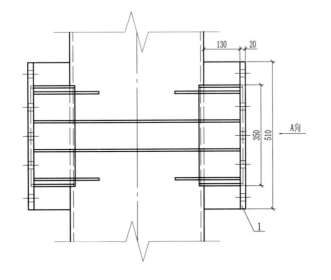

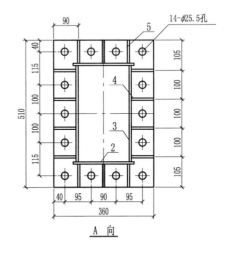

A 向

14-φ25.5孔

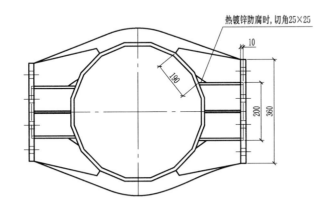

热镀锌防腐时,切角25×25

构件明细表

序号	规 格	数量	单重/kg	总重/kg	备注
1	-20×360×510	2	28.8	57.6	
2	-8×220	4	2.1	8.4	
3	-8×284	4	3.0	12.0	158.4kg
4	-8	8	3.6	28.8	
5	-8	12	0.7	8.4	
6	-8	4	10.8	43.2	

说明:
序号2、3、4、5尺寸以实际放样为准。

2GGF3-SZG2直线杆
地线横担连接法兰

图号:2GGF3-SZG2-15

61

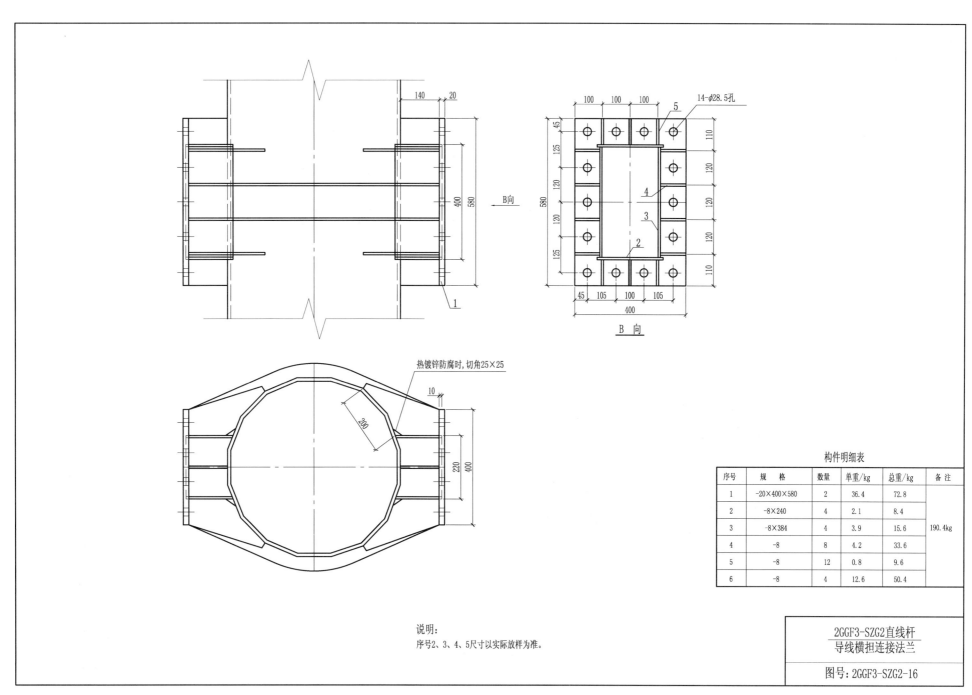

140 20

580
400

B向

14-φ28.5孔

100 100 100

45 125 120 120 120 125

5

4

3

2

110 120 120 120 110

580

45 105 100 105

400

B 向

热镀锌防腐时,切角25×25

200

10

220
400

构件明细表

序号	规 格	数量	单重/kg	总重/kg	备注
1	-20×400×580	2	36.4	72.8	
2	-8×240	4	2.1	8.4	190.4kg
3	-8×384	4	3.9	15.6	
4	-8	8	4.2	33.6	
5	-8	12	0.8	9.6	
6	-8	4	12.6	50.4	

说明:
序号2、3、4、5尺寸以实际放样为准。

2GGF3-SZG2直线杆
导线横担连接法兰

图号:2GGF3-SZG2-16

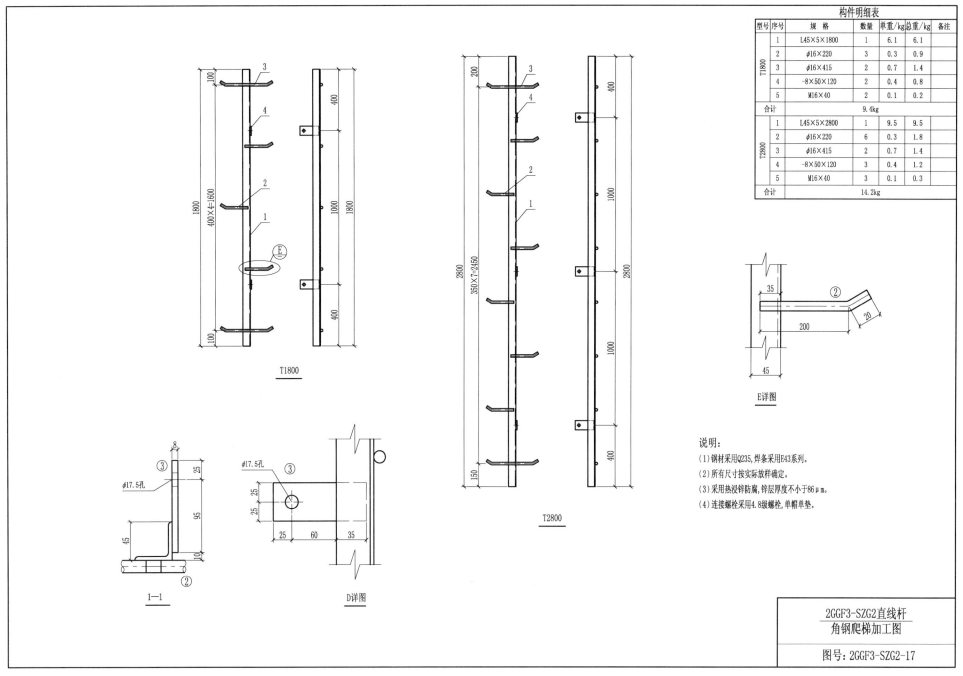

构件明细表

型号	序号	规格	数量	单重/kg	总重/kg	备注
T1800	1	L45×5×1800	1	6.1	6.1	
	2	φ16×220	3	0.3	0.9	
	3	φ16×415	2	0.7	1.4	
	4	-8×50×120	2	0.4	0.8	
	5	M16×40	2	0.1	0.2	
合计					9.4kg	
T2800	1	L45×5×2800	1	9.5	9.5	
	2	φ16×220	6	0.3	1.8	
	3	φ16×415	2	0.7	1.4	
	4	-8×50×120	3	0.4	1.2	
	5	M16×40	3	0.1	0.3	
合计					14.2kg	

T1800

T2800

E详图

1—1

D详图

说明:
(1)钢材采用Q235,焊条采用E43系列。
(2)所有尺寸按实际放样确定。
(3)采用热浸锌防腐,锌层厚度不小于86μm。
(4)连接螺栓采用4.8级螺栓,单帽单垫。

2GGF3-SZG2直线杆
角钢爬梯加工图

图号:2GGF3-SZG2-17

第11章

2GGF3-SZGK 钢管杆加工图

2GGF3-SZGK 图 纸 目 录

序号	图 号	图 名		张数	备 注
1	2GGF3-SZGK-01	2GGF3-SZGK直线杆总图		1	
2	2GGF3-SZGK-02	2GGF3-SZGK直线杆地线横担结构图	①	1	
3	2GGF3-SZGK-03	2GGF3-SZGK直线杆导线横担结构图	②	1	
4	2GGF3-SZGK-04	2GGF3-SZGK直线杆导线横担结构图	③	1	
5	2GGF3-SZGK-05	2GGF3-SZGK直线杆身部结构图	④	1	
6	2GGF3-SZGK-06	2GGF3-SZGK直线杆身部结构图	⑤	1	
7	2GGF3-SZGK-07	2GGF3-SZGK直线杆身部结构图	⑥	1	
8	2GGF3-SZGK-08	2GGF3-SZGK直线杆身部结构图	⑦	1	
9	2GGF3-SZGK-09	2GGF3-SZGK直线杆身部结构图	⑧	1	
10	2GGF3-SZGK-10	2GGF3-SZGK直线杆身部结构图	⑨	1	
11	2GGF3-SZGK-11	2GGF3-SZGK直线杆48.0m腿部结构图	⑩	1	
12	2GGF3-SZGK-12	2GGF3-SZGK直线杆45.0m腿部结构图	⑪	1	
13	2GGF3-SZGK-13	2GGF3-SZGK直线杆42.0m腿部结构图	⑫	1	
14	2GGF3-SZGK-14	2GGF3-SZGK直线杆39.0m腿部结构图	⑬	1	
15	2GGF3-SZGK-15	2GGF3-SZGK直线杆地线横担连接法兰		1	
16	2GGF3-SZGK-16	2GGF3-SZGK直线杆导线横担连接法兰		1	
17	2GGF3-SZGK-17	2GGF3-SZGK直线杆角钢爬梯加工图		1	

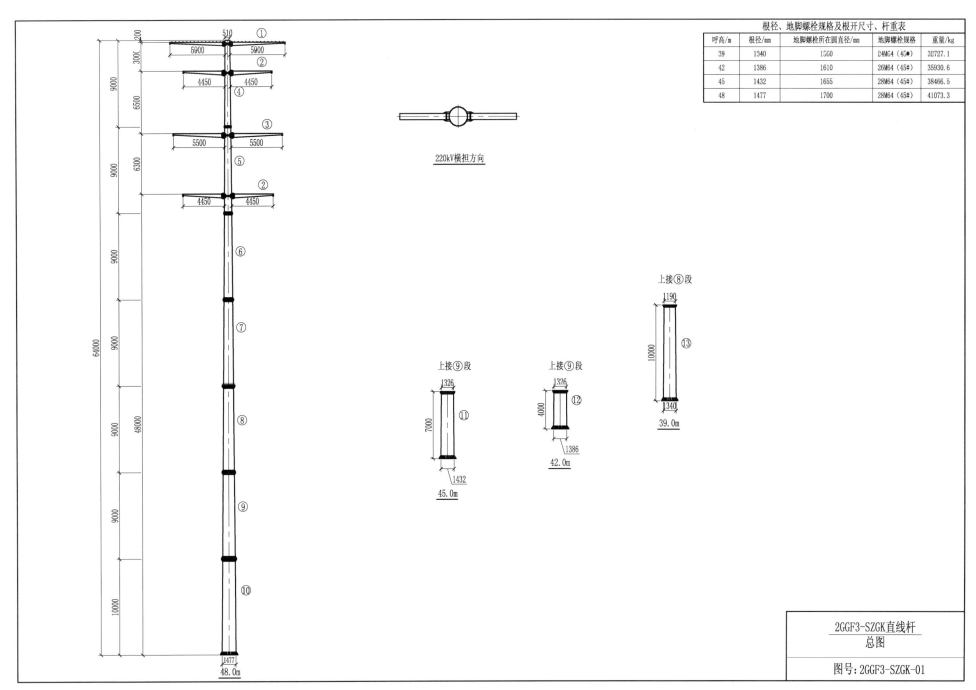

根径、地脚螺栓规格及根开尺寸、杆重表

呼高/m	根径/mm	地脚螺栓所在圆直径/mm	地脚螺栓规格	重量/kg
39	1340	1560	24M64（45#）	32727.1
42	1386	1610	26M64（45#）	35930.6
45	1432	1655	28M64（45#）	38466.5
48	1477	1700	28M64（45#）	41073.3

220kV横担方向

上接⑧段

上接⑨段

上接⑨段

2GGF3-SZGK直线杆
总图

图号：2GGF3-SZGK-01

65

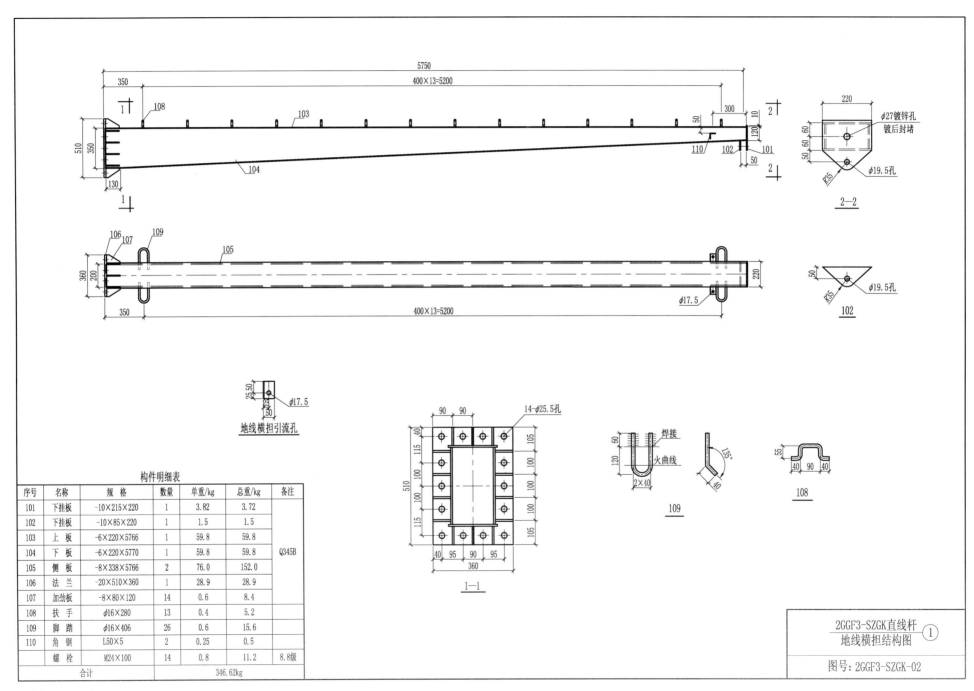

地线横担引流孔

构件明细表

序号	名称	规 格	数量	单重/kg	总重/kg	备注
101	下挂板	-10×215×220	1	3.82	3.72	
102	下挂板	-10×85×220	1	1.5	1.5	
103	上 板	-6×220×5766	1	59.8	59.8	
104	下 板	-6×220×5770	1	59.8	59.8	Q345B
105	侧 板	-8×338×5766	2	76.0	152.0	
106	法 兰	-20×510×360	1	28.9	28.9	
107	加劲板	-8×80×120	14	0.6	8.4	
108	扶 手	φ16×280	13	0.4	5.2	
109	脚 踏	φ16×406	26	0.6	15.6	
110	角 钢	L50×5	2	0.25	0.5	
	螺 栓	M24×100	14	0.8	11.2	8.8级
	合计				346.62kg	

2GGF3-SZGK直线杆
地线横担结构图 ①

图号：2GGF3-SZGK-02

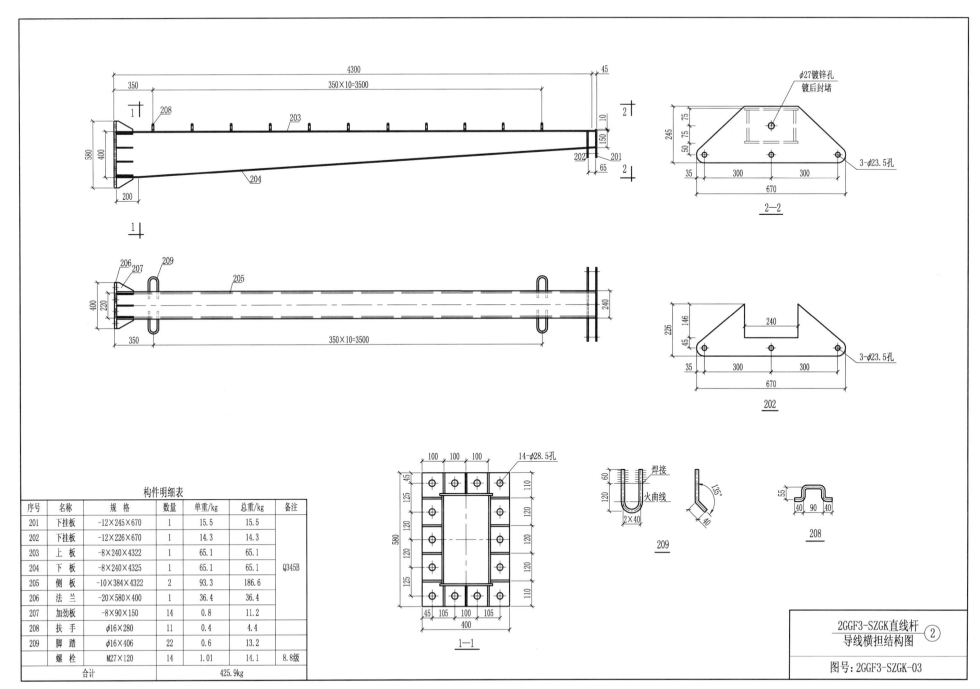

构件明细表						
序号	名称	规格	数量	单重/kg	总重/kg	备注
201	下挂板	-12×245×670	1	15.5	15.5	
202	下挂板	-12×226×670	1	14.3	14.3	
203	上板	-8×240×4322	1	65.1	65.1	
204	下板	-8×240×4325	1	65.1	65.1	Q345B
205	侧板	-10×384×4322	2	93.3	186.6	
206	法兰	-20×580×400	1	36.4	36.4	
207	加劲板	-8×90×150	14	0.8	11.2	
208	扶手	φ16×280	11	0.4	4.4	
209	脚踏	φ16×406	22	0.6	13.2	
	螺栓	M27×120	14	1.01	14.1	8.8级
合计					425.9kg	

2GGF3-SZGK直线杆
导线横担结构图 ②

图号：2GGF3-SZGK-03

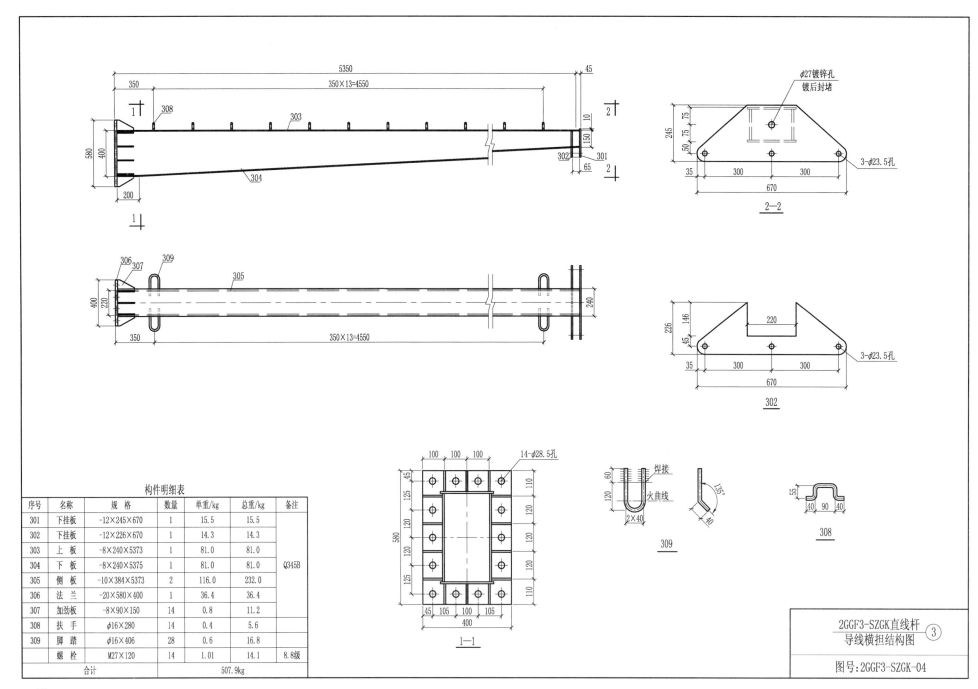

构件明细表

序号	名称	规格	数量	单重/kg	总重/kg	备注
301	下挂板	-12×245×670	1	15.5	15.5	
302	下挂板	-12×226×670	1	14.3	14.3	
303	上板	-8×240×5373	1	81.0	81.0	
304	下板	-8×240×5375	1	81.0	81.0	Q345B
305	侧板	-10×384×5373	2	116.0	232.0	
306	法兰	-20×580×400	1	36.4	36.4	
307	加劲板	-8×90×150	14	0.8	11.2	
308	扶手	φ16×280	14	0.4	5.6	
309	脚踏	φ16×406	28	0.6	16.8	
	螺栓	M27×120	14	1.01	14.1	8.8级
	合计				507.9kg	

2GGF3-SZGK直线杆
导线横担结构图 ③

图号:2GGF3-SZGK-04

68

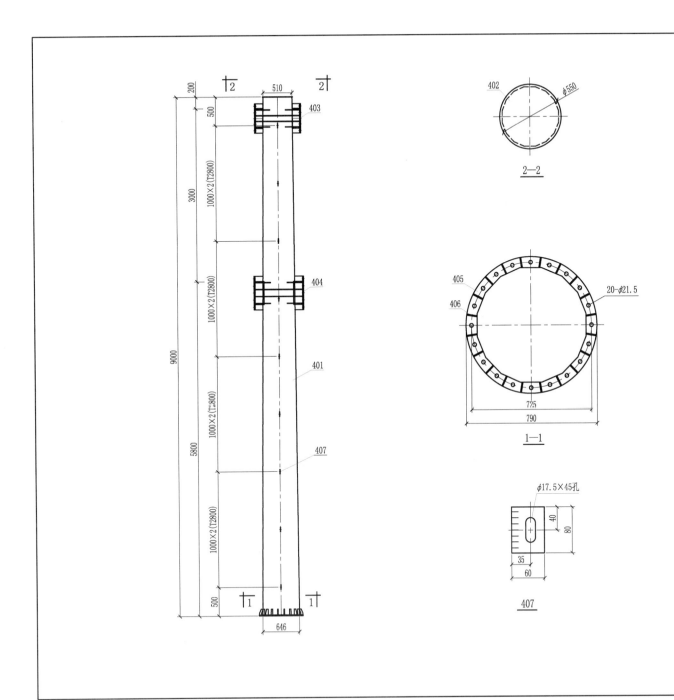

构件明细表					
序号	规 格	数量	单重/kg	总重/kg	备注
401	(510/646)×14×8986	1	1772.7	1772.7	Q345B
402	φ550×6	1	11.6	11.6	
403	地线横担一法兰	1	158.4	158.4	标准件
404	导线横担二法兰	1	190.4	190.4	
405	φ790×16	1	20.4	20.4	Q345B
406	-6×70×100	20	0.3	6.0	
407	-8×60×80	9	0.3	2.7	
408	M20×90	20	0.5	10.0	8.8级
合计			2172.2kg		

2GGF3-SZGK直线杆④
身部结构图

图号：2GGF3-SZGK-05

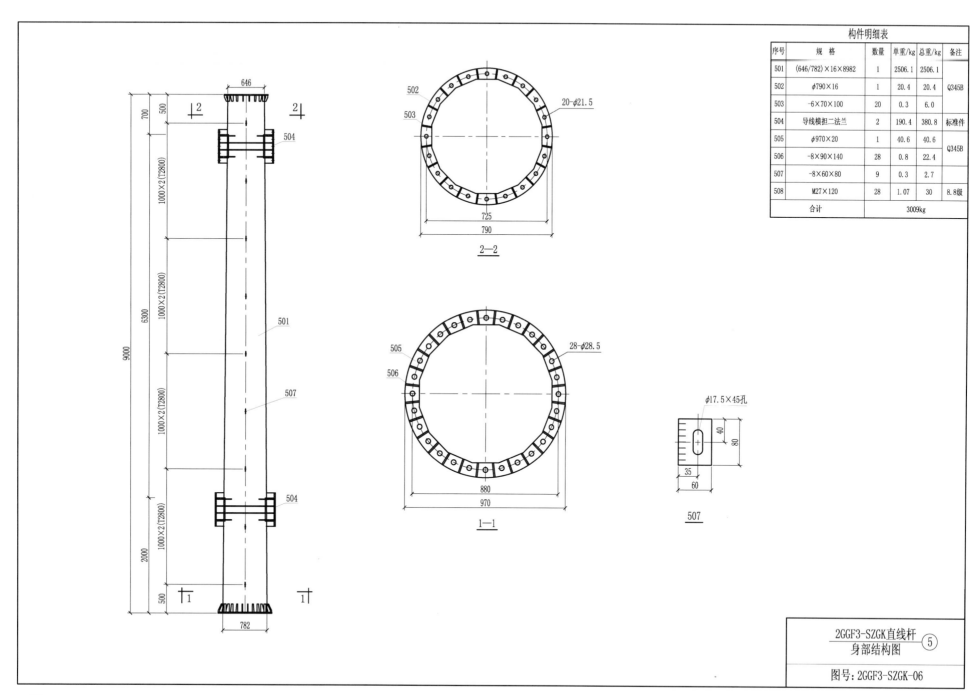

构件明细表					
序号	规 格	数量	单重/kg	总重/kg	备注
501	(646/782)×16×8982	1	2506.1	2506.1	
502	φ790×16	1	20.4	20.4	Q345B
503	-6×70×100	20	0.3	6.0	
504	导线横担二法兰	2	190.4	380.8	标准件
505	φ970×20	1	40.6	40.6	Q345B
506	-8×90×140	28	0.8	22.4	
507	-8×60×80	9	0.3	2.7	
508	M27×120	28	1.07	30	8.8级
合计				3009kg	

2GGF3-SZGK直线杆
身部结构图 ⑤

图号：2GGF3-SZGK-06

70

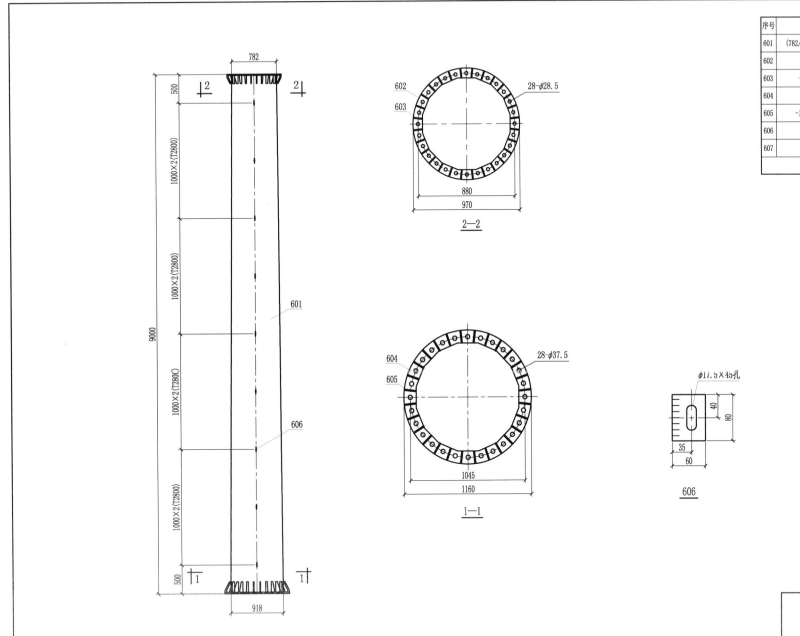

构件明细表					
序号	规 格	数量	单重/kg	总重/kg	备注
601	(782/918)×20×8978	1	3723.4	3723.4	
602	φ970×20	1	40.6	40.6	
603	-8×90×140	28	0.8	22.4	Q345B
604	φ1160×24	1	74.4	74.4	
605	-10×120×180	28	1.7	47.6	
606	-8×60×80	9	0.3	2.7	
607	M36×150	28	2.3	64.4	8.8级
合计				3975.5kg	

2GGF3-SZGK直线杆
身部结构图 ⑥

图号：2GGF3-SZGK-07

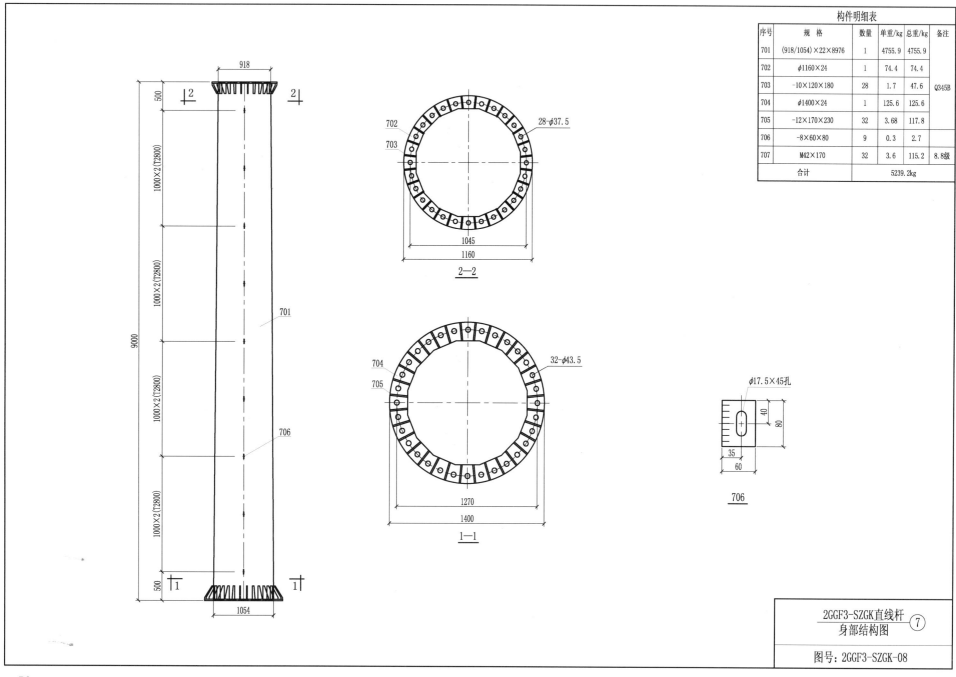

构件明细表					
序号	规　格	数量	单重/kg	总重/kg	备注
701	(918/1054)×22×8976	1	4755.9	4755.9	
702	φ1160×24	1	74.4	74.4	
703	-10×120×180	28	1.7	47.6	Q345B
704	φ1400×24	1	125.6	125.6	
705	-12×170×230	32	3.68	117.8	
706	-8×60×80	9	0.3	2.7	
707	M42×170	32	3.6	115.2	8.8级
合计				5239.2kg	

2—2

1—1

706

2GGF3-SZGK直线杆 ⑦
身部结构图

图号：2GGF3-SZGK-08

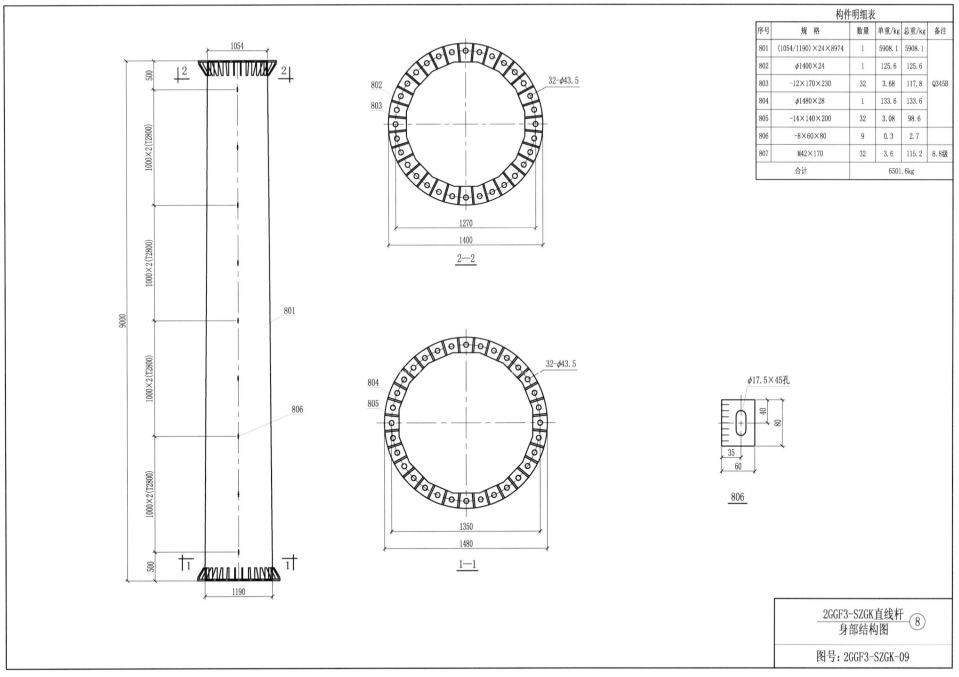

構件明細表

序号	规格	数量	单重/kg	总重/kg	备注
801	(1054/1190)×24×8974	1	5908.1	5908.1	
802	φ1400×24	1	125.6	125.6	
803	-12×170×230	32	3.68	117.8	Q345B
804	φ1480×28	1	133.6	133.6	
805	-14×140×200	32	3.08	98.6	
806	-8×60×80	9	0.3	2.7	
807	M42×170	32	3.6	115.2	8.8级
合计				6501.6kg	

2GGF3-SZGK直线杆 ⑧
身部结构图

图号：2GGF3-SZGK-09

73

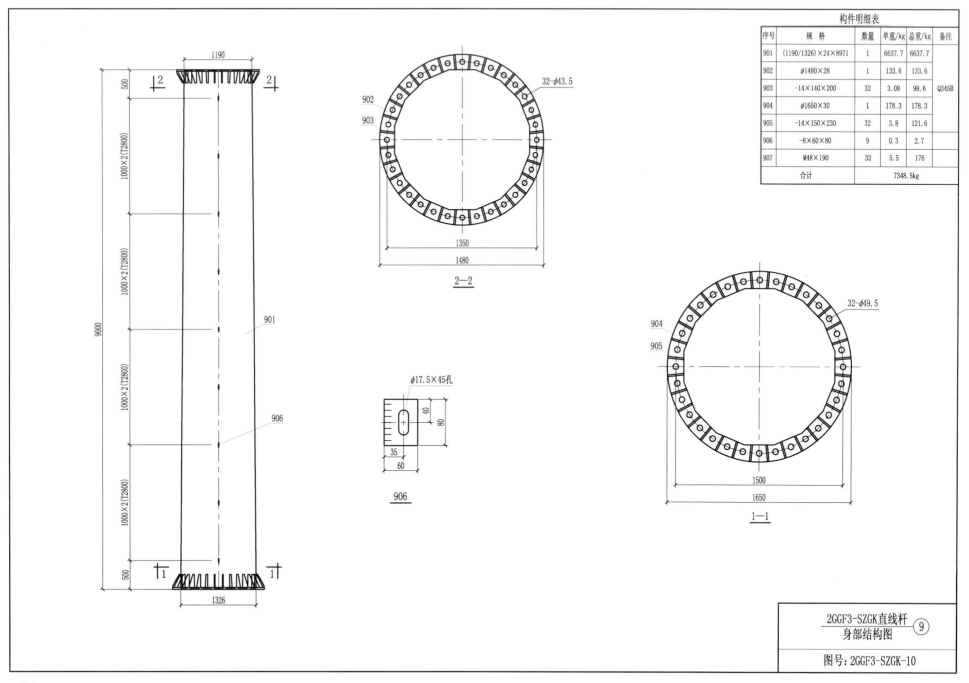

构件明细表					
序号	规　格	数量	单重/kg	总重/kg	备注
901	(1190/1326)×24×8971	1	6637.7	6637.7	
902	φ1480×28	1	133.6	133.6	
903	-14×140×200	32	3.08	98.6	Q345B
904	φ1650×30	1	178.3	178.3	
905	-14×150×230	32	3.8	121.6	
906	-8×60×80	9	0.3	2.7	
907	M48×190	32	5.5	176	
合计				7348.5kg	

2—2

1—1

906

2GGF3-SZGK直线杆
身部结构图　⑨

图号：2GGF3-SZGK-10

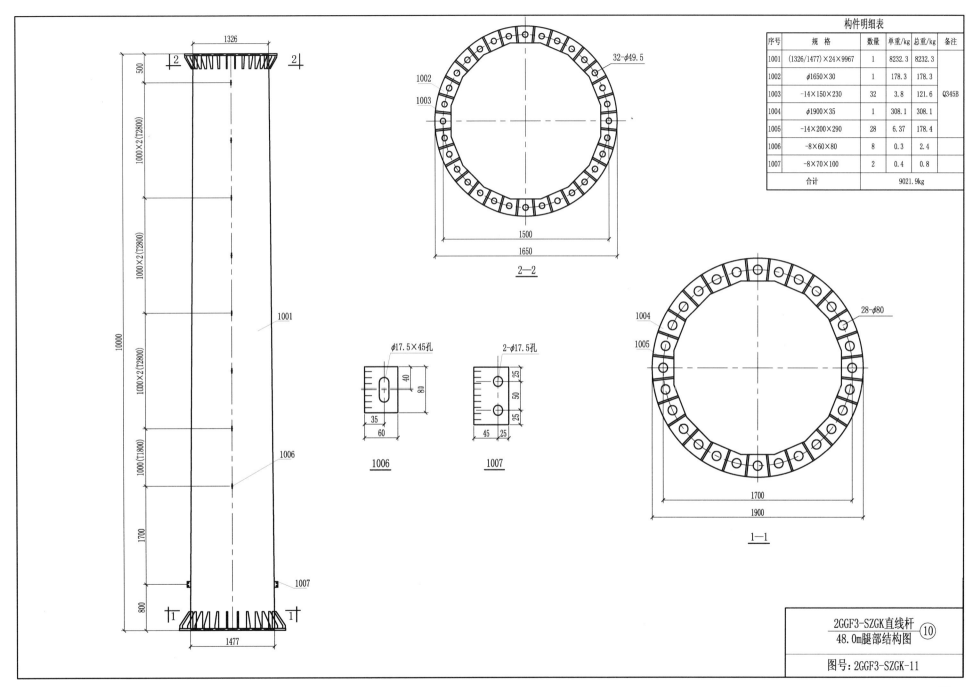

构件明细表

序号	规 格	数量	单重/kg	总重/kg	备注
1001	(1326/1477)×24×9967	1	8232.3	8232.3	
1002	φ1650×30	1	178.3	178.3	
1003	−14×150×230	32	3.8	121.6	Q345B
1004	φ1900×35	1	308.1	308.1	
1005	−14×200×290	28	6.37	178.4	
1006	−8×60×80	8	0.3	2.4	
1007	−8×70×100	2	0.4	0.8	
合计				9021.9kg	

32-φ49.5

2—2

φ17.5×45孔   2-φ17.5孔

1006   1007

28-φ80

1—1

2GGF3-SZGK直线杆
48.0m腿部结构图 ⑩

图号：2GGF3-SZGK-11

75

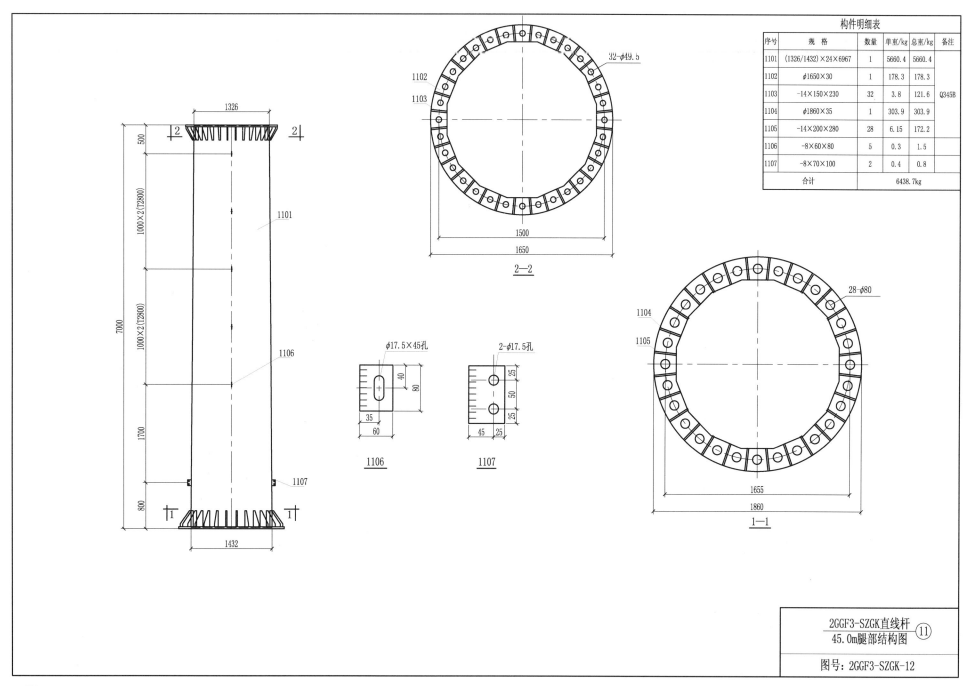

构件明细表

序号	规 格	数量	单重/kg	总重/kg	备注
1101	(1326/1432)×24×6967	1	5660.4	5660.4	
1102	φ1650×30	1	178.3	178.3	
1103	-14×150×230	32	3.8	121.6	Q345B
1104	φ1860×35	1	303.9	303.9	
1105	-14×200×280	28	6.15	172.2	
1106	-8×60×80	5	0.3	1.5	
1107	-8×70×100	2	0.4	0.8	
合计				6438.7kg	

2GGF3-SZGK直线杆
45.0m腿部结构图 ⑪

图号：2GGF3-SZGK-12

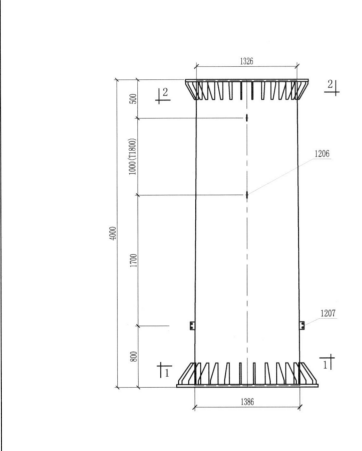

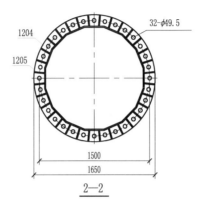

2—2

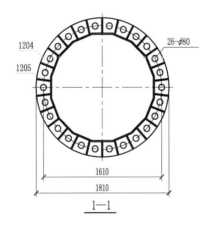

1—1

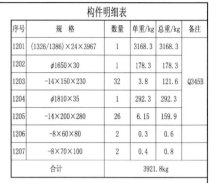

构件明细表					
序号	规格	数量	单重/kg	总重/kg	备注
1201	(1326/1386)×24×3967	1	3168.3	3168.3	
1202	φ1650×30	1	178.3	178.3	
1203	-14×150×230	32	3.8	121.6	Q345B
1204	φ1810×35	1	292.3	292.3	
1205	-14×200×280	26	6.15	159.9	
1206	-8×60×80	2	0.3	0.6	
1207	-8×70×100	2	0.4	0.8	
合计				3921.8kg	

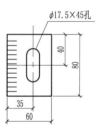

1206

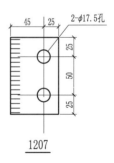

1207

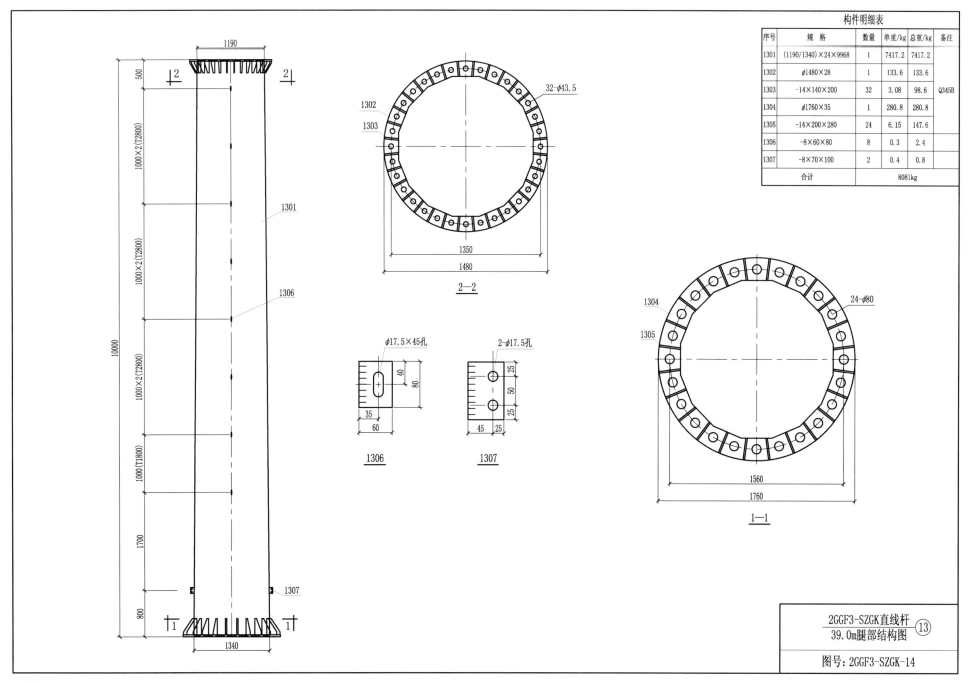

构件明细表

序号	规格	数量	单重/kg	总重/kg	备注
1301	(1190/1340)×24×9968	1	7417.2	7417.2	
1302	φ1480×28	1	133.6	133.6	
1303	-14×140×200	32	3.08	98.6	Q345B
1304	φ1760×35	1	280.8	280.8	
1305	-14×200×280	24	6.15	147.6	
1306	-8×60×80	8	0.3	2.4	
1307	-8×70×100	2	0.4	0.8	
合计				8081kg	

2—2

1306

1307

1—1

2GGF3-SZGK直线杆 39.0m腿部结构图 ⑬

图号：2GGF3-SZGK-14

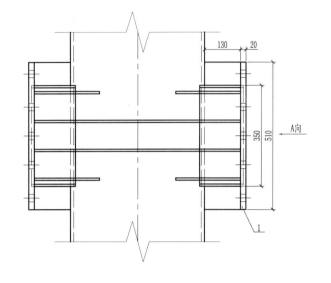

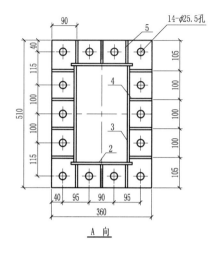

14-φ25.5孔

A 向

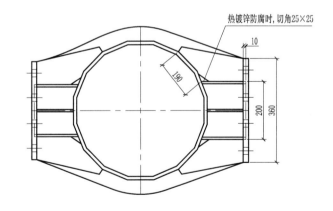

热镀锌防腐时,切角25×25

构件明细表

序号	规 格	数量	单重/kg	总重/kg	备注
1	-20×360×510	2	28.8	57.6	
2	-8×220	4	2.1	8.4	158.4kg
3	-8×284	4	3.0	12.0	
4	-8	8	3.6	28.8	
5	-8	12	0.7	8.4	
6	-8	4	10.8	43.2	

说明:
序号2、3、4、5尺寸以实际放样为准。

2GGF3-SZGK直线杆
地线横担连接法兰

图号:2GGF3-SZGK-15

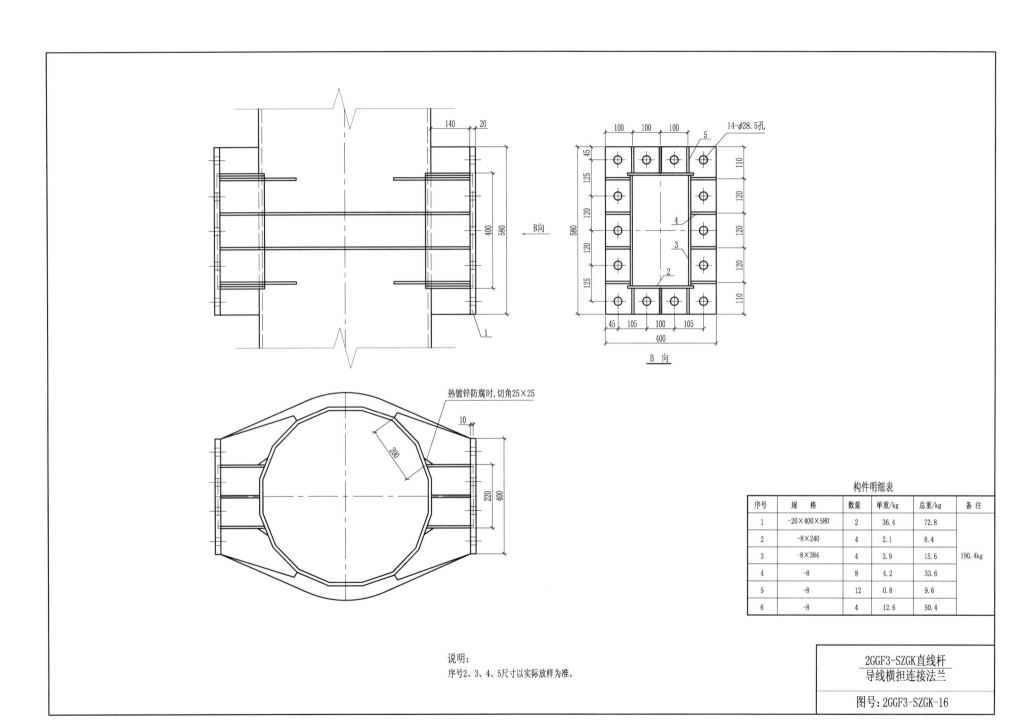

14-φ28.5孔

B向

B 向

热镀锌防腐时, 切角25×25

构件明细表

序号	规 格	数量	单重/kg	总重/kg	备 注
1	-20×400×580	2	36.4	72.8	
2	-8×240	4	2.1	8.4	
3	-8×384	4	3.9	15.6	190.4kg
4	-8	8	4.2	33.6	
5	-8	12	0.8	9.6	
6	-8	4	12.6	50.4	

说明:
序号2、3、4、5尺寸以实际放样为准。

2GGF3-SZGK直线杆
导线横担连接法兰

图号: 2GGF3-SZGK-16

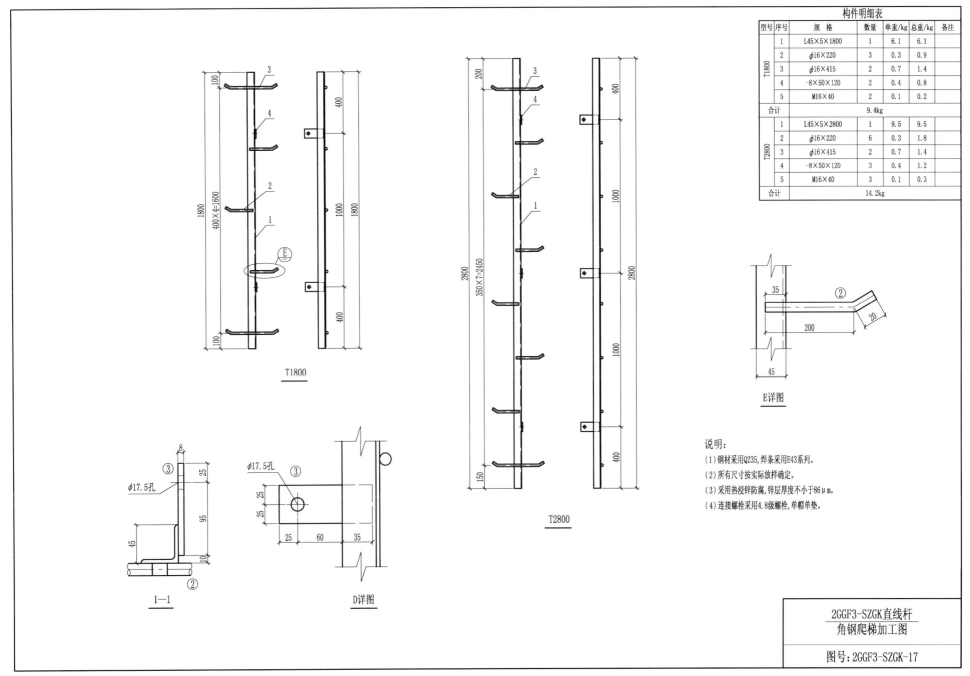

构件明细表						
型号	序号	规 格	数量	单重/kg	总重/kg	备注
T1800	1	L45×5×1800	1	6.1	6.1	
	2	φ16×220	3	0.3	0.9	
	3	φ16×415	2	0.7	1.4	
	4	-8×50×120	2	0.4	0.8	
	5	M16×40	2	0.1	0.2	
合计					9.4kg	
T2800	1	L45×5×2800	1	9.5	9.5	
	2	φ16×220	6	0.3	1.8	
	3	φ16×415	2	0.7	1.4	
	4	-8×50×120	3	0.4	1.2	
	5	M16×40	3	0.1	0.3	
合计					14.2kg	

T1800

T2800

E详图

D详图

1—1

说明:
(1)钢材采用Q235,焊条采用E43系列。
(2)所有尺寸按实际放样确定。
(3)采用热浸锌防腐,锌层厚度不小于86μm。
(4)连接螺栓采用4.8级螺栓,单帽单垫。

2GGF3-SZGK直线杆
角钢爬梯加工图

图号:2GGF3-SZGK-17

81

第 12 章

2GGF3-SJG1 钢管杆加工图

2GGF3-SJG1图 纸 目 录

序号	图 号	图 名		张数	备 注
1	2GGF3-SJG1-01	2GGF3-SJG1直线杆总图		1	
2	2GGF3-SJG1-02	2GGF3-SJG1直线杆地线横担结构图	①	1	
3	2GGF3-SJG1-03	2GGF3-SJG1直线杆导线横担结构图	②	1	
4	2GGF3-SJG1-04	2GGF3-SJG1直线杆导线横担结构图	③	1	
5	2GGF3-SJG1-05	2GGF3-SJG1直线杆身部结构图	④	1	
6	2GGF3-SJG1-06	2GGF3-SJG1直线杆身部结构图	⑤	1	
7	2GGF3-SJG1-07	2GGF3-SJG1直线杆身部结构图	⑥	1	
8	2GGF3-SJG1-08	2GGF3-SJG1直线杆身部结构图	⑦	1	
9	2GGF3-SJG1-09	2GGF3-SJG1直线杆30.0m腿部结构图	⑧	1	
10	2GGF3-SJG1-10	2GGF3-SJG1直线杆27.0m腿部结构图	⑨	1	
11	2GGF3-SJG1-11	2GGF3-SJG1直线杆24.0m腿部结构图	⑩	1	
12	2GGF3-SJG1-12	2GGF3-SJG1直线杆21.0m腿部结构图	⑪	1	
13	2GGF3-SJG1-13	2GGF3-SJG1直线杆18.0m腿部结构图	⑫	1	
14	2GGF3-SJG1-14	2GGF3-SJG1直线杆地线横担1连接法兰		1	
15	2GGF3-SJG1-15	2GGF3-SJG1直线杆导线横担2连接法兰		1	
16	2GGF3-SJG1-16	2GGF3-SJG1直线杆导线横担3连接法兰		1	
17	2GGF3-SJG1-17	2GGF3-SJG1直线杆角钢爬梯加工图		1	

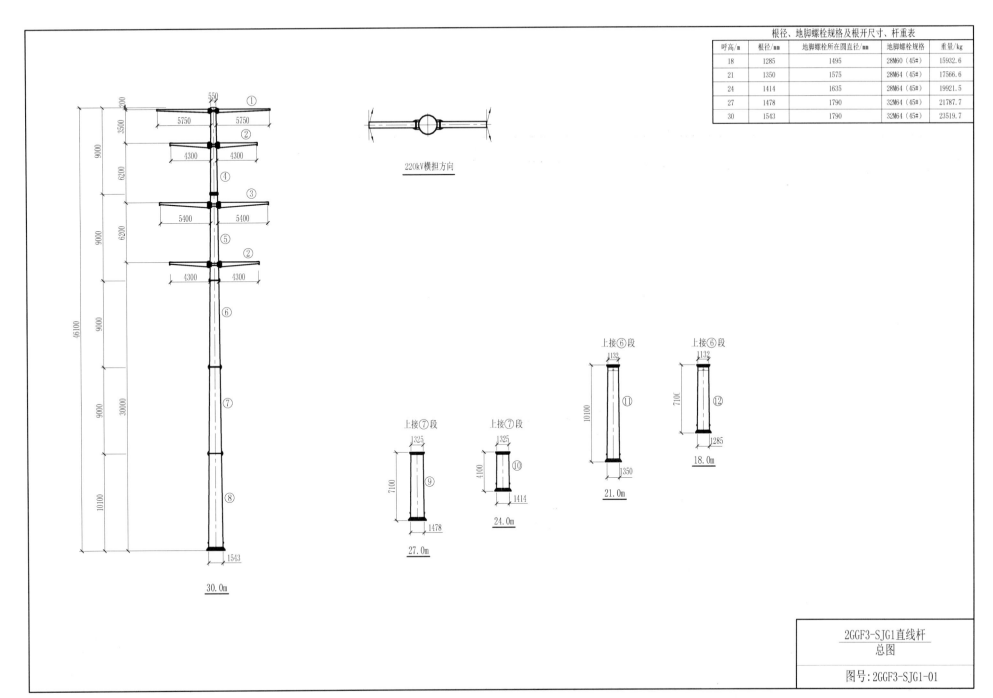

根径、地脚螺栓规格及根开尺寸、杆重表

呼高/m	根径/mm	地脚螺栓所在圆直径/mm	地脚螺栓规格	重量/kg
18	1285	1495	28M60（45#）	15932.6
21	1350	1575	28M64（45#）	17566.6
24	1414	1635	28M64（45#）	19921.5
27	1478	1790	32M64（45#）	21787.7
30	1543	1790	32M64（45#）	23519.7

220kV横担方向

上接⑥段

上接⑥段

上接⑦段

上接⑦段

30.0m

27.0m

24.0m

21.0m

18.0m

2GGF3-SJG1直线杆
总图

图号：2GGF3-SJG1-01

83

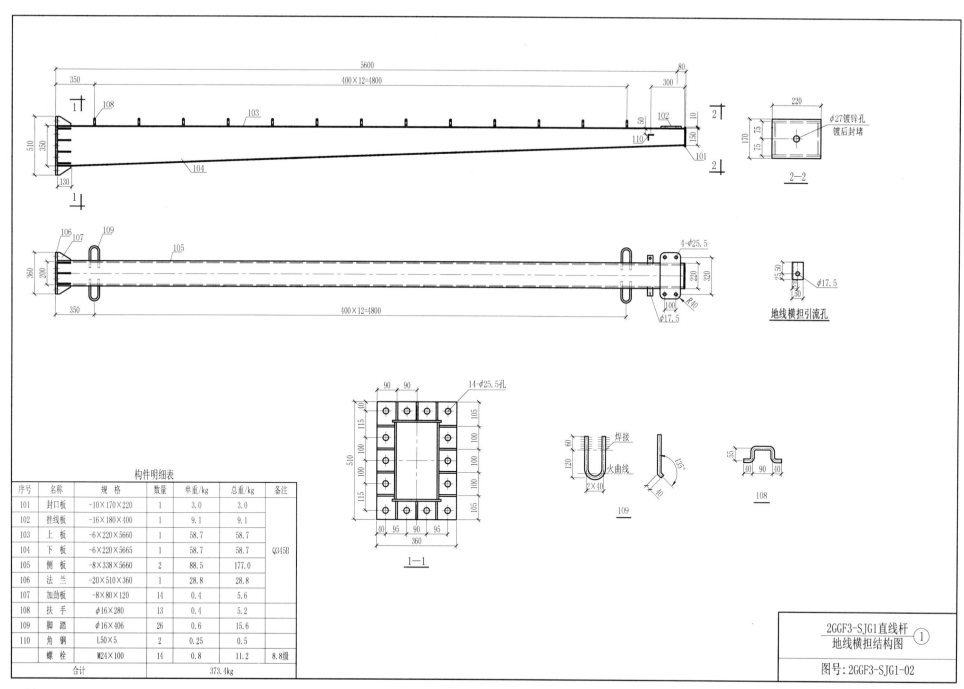

序号	名称	规格	数量	单重/kg	总重/kg	备注
101	封口板	−10×170×220	1	3.0	3.0	
102	挂线板	−16×180×400	1	9.1	9.1	
103	上板	−6×220×5660	1	58.7	58.7	
104	下板	−6×220×5665	1	58.7	58.7	Q345B
105	侧板	−8×338×5660	2	88.5	177.0	
106	法兰	−20×510×360	1	28.8	28.8	
107	加劲板	−8×80×120	14	0.4	5.6	
108	扶手	φ16×280	13	0.4	5.2	
109	脚踏	φ16×406	26	0.6	15.6	
110	角钢	L50×5	2	0.25	0.5	
	螺栓	M24×100	14	0.8	11.2	8.8级
	合计				373.4kg	

构件明细表

2GGF3-SJG1直线杆 ①
地线横担结构图

图号：2GGF3-SJG1-02

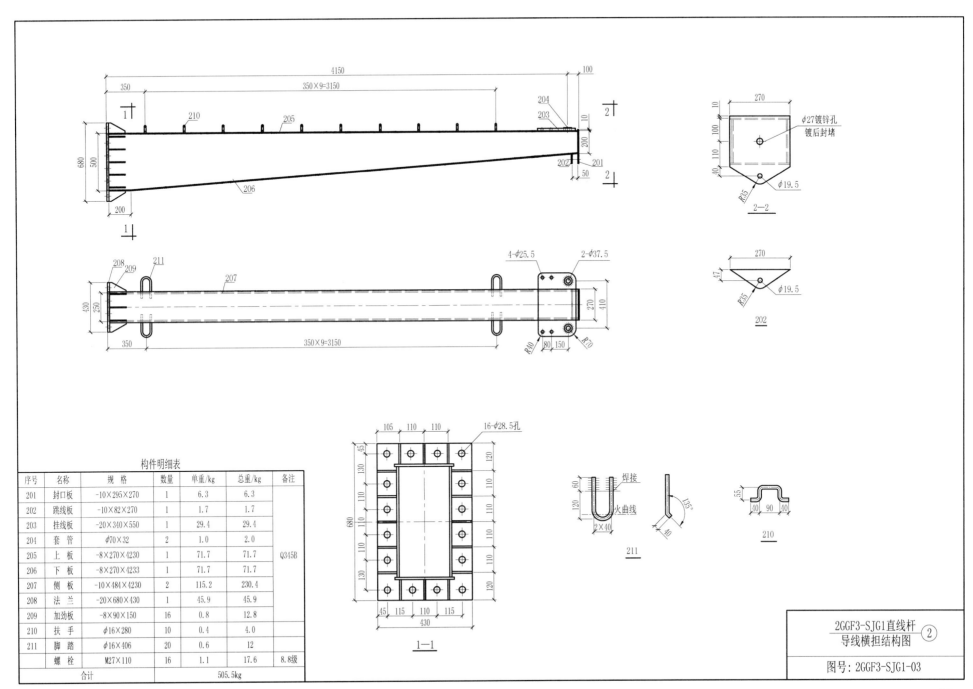

构件明细表

序号	名称	规格	数量	单重/kg	总重/kg	备注
201	封口板	-10×295×270	1	6.3	6.3	
202	跳线板	-10×82×270	1	1.7	1.7	
203	挂线板	-20×340×550	1	29.4	29.4	
204	套 管	φ70×32	2	1.0	2.0	
205	上 板	-8×270×4230	1	71.7	71.7	Q345B
206	下 板	-8×270×4233	1	71.7	71.7	
207	侧 板	-10×484×4230	2	115.2	230.4	
208	法 兰	-20×680×430	1	45.9	45.9	
209	加劲板	-8×90×150	16	0.8	12.8	
210	扶 手	φ16×280	10	0.4	4.0	
211	脚 踏	φ16×406	20	0.6	12	
	螺 栓	M27×110	16	1.1	17.6	8.8级
合计					505.5kg	

2GGF3-SJG1直线杆
导线横担结构图 ②

图号：2GGF3-SJG1-03

85

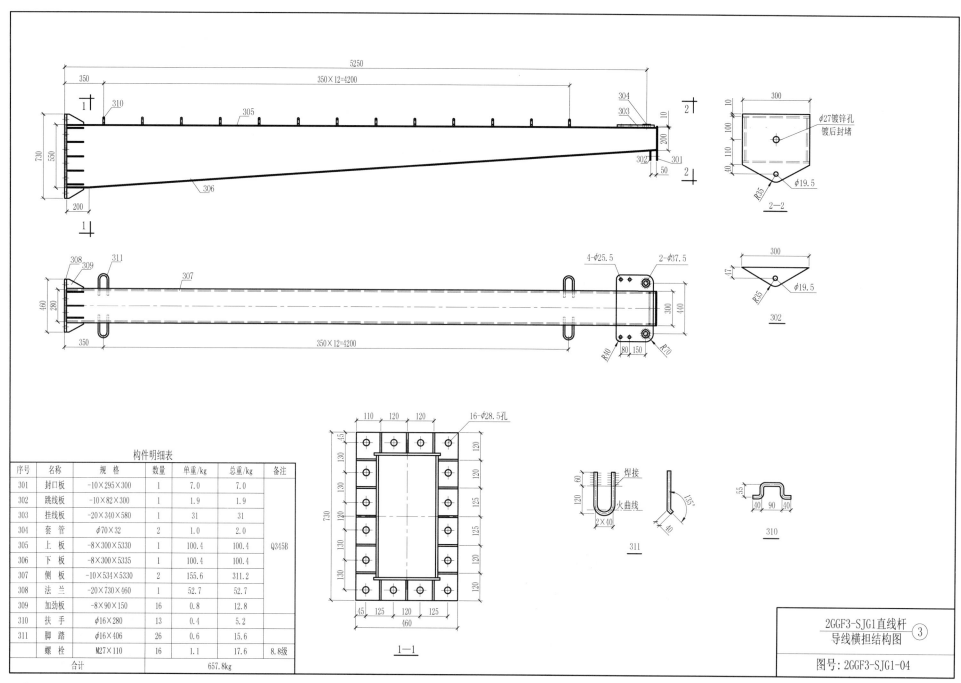

序号	名称	规格	数量	单重/kg	总重/kg	备注
301	封口板	-10×295×300	1	7.0	7.0	
302	跳线板	-10×82×300	1	1.9	1.9	
303	挂线板	-20×340×580	1	31	31	
304	套管	φ70×32	2	1.0	2.0	Q345B
305	上板	-8×300×5330	1	100.4	100.4	
306	下板	-8×300×5335	1	100.4	100.4	
307	侧板	-10×534×5330	2	155.6	311.2	
308	法兰	-20×730×460	1	52.7	52.7	
309	加劲板	-8×90×150	16	0.8	12.8	
310	扶手	φ16×280	13	0.4	5.2	
311	脚踏	φ16×406	26	0.6	15.6	
	螺栓	M27×110	16	1.1	17.6	8.8级
	合计				657.8kg	

构件明细表

1—1

2GGF3-SJG1直线杆
导线横担结构图 ③

图号:2GGF3-SJG1-04

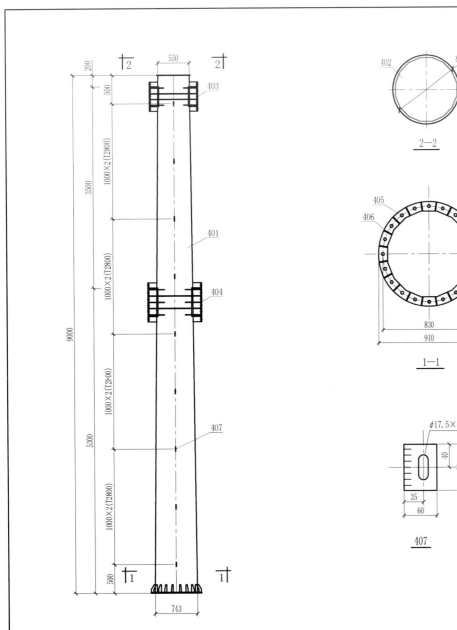

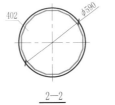

402

φ590×6

$\frac{2-2}{}$

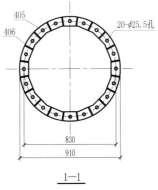

405

406

20-φ25.5孔

830

910

$\frac{1-1}{}$

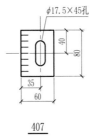

φ17.5×45孔

$\frac{407}{}$

构件明细表					
序号	规格	数量	单重/kg	总重/kg	备注
401	(550/743)×6×8986	1	862.8	862.8	Q420B
402	φ590×6	1	13.3	13.3	
403	地线横担一法兰	1	158.4	158.4	标准件
404	导线横担二法兰	1	265	265	
405	φ910×16	1	25.0	25.0	Q345B
406	-6×80×130	20	0.46	9.2	
407	-8×60×80	9	0.3	2.7	
408	M24×110	20	1.01	20.2	8.8级
合计				1356.6kg	

2GGF3-SJG1直线杆 ④
身部结构图

图号：2GGF3-SJG1-05

87

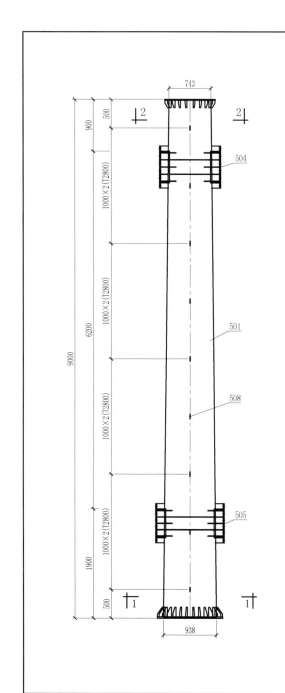

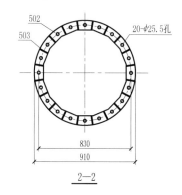

20-φ25.5孔

830
910

2—2

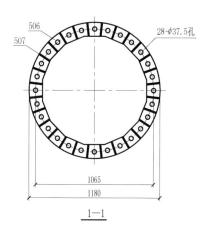

28-φ37.5孔

1065
1180

1—1

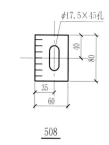

φ17.5×45孔

508

序号	规　格	数量	单重/kg	总重/kg	备注
501	(743/938)×10×8980	1	1863.2	1863.2	Q420B
502	φ910×16	1	25.0	25.0	Q345B
503	-6×80×130	20	0.46	9.2	
504	导线横担三法兰	1	320.2	320.2	标准件
505	导线横担二法兰	1	265	265	
506	φ1180×24	1	75.8	75.8	Q345B
507	-10×115×170	28	1.53	42.8	
508	-8×60×80	9	0.3	2.7	
509	M36×150	28	2.3	64.4	8.8级
合计				2668.3kg	

构件明细表

2GGF3-SJG1直线杆
身部结构图 ⑤

图号：2GGF3-SJG1-06

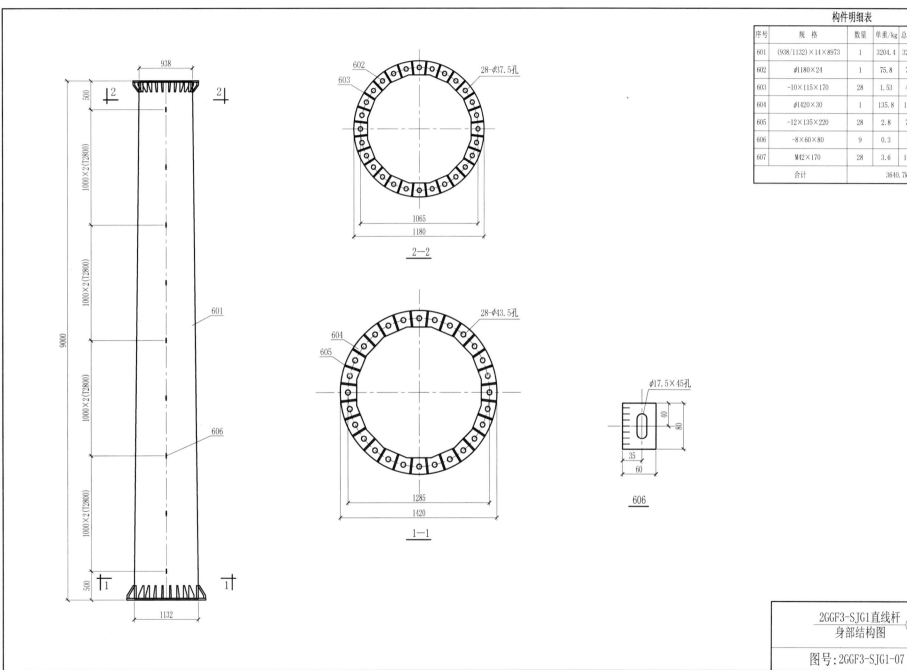

构件明细表					
序号	规 格	数量	单重/kg	总重/kg	备注
601	(938/1132)×14×8973	1	3204.4	3204.4	Q420B
602	φ1180×24	1	75.8	75.8	
603	-10×115×170	28	1.53	42.8	Q345B
604	φ1420×30	1	135.8	135.8	
605	-12×135×220	28	2.8	78.4	
606	-8×60×80	9	0.3	2.7	
607	M42×170	28	3.6	100.8	8.8级
合计				3640.7kg	

2GGF3-SJG1直线杆⑥
身部结构图

图号：2GGF3-SJG1-07

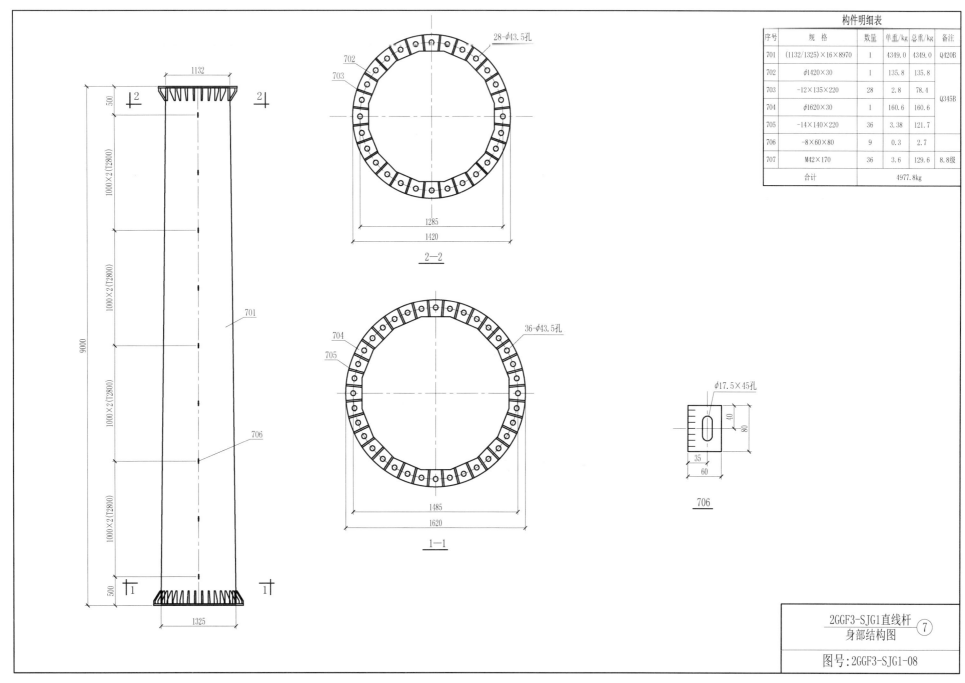

构件明细表					
序号	规 格	数量	单重/kg	总重/kg	备注
701	(1132/1325)×16×8970	1	4349.0	4349.0	Q420B
702	φ1420×30	1	135.8	135.8	Q345B
703	-12×135×220	28	2.8	78.4	
704	φ1620×30	1	160.6	160.6	
705	-14×140×220	36	3.38	121.7	
706	-8×60×80	9	0.3	2.7	
707	M42×170	36	3.6	129.6	8.8级
合计				4977.8kg	

28-φ43.5孔

2—2

36-φ43.5孔

1—1

φ17.5×45孔

706

2GGF3-SJG1直线杆 ⑦
身部结构图

图号：2GGF3-SJG1-08

90

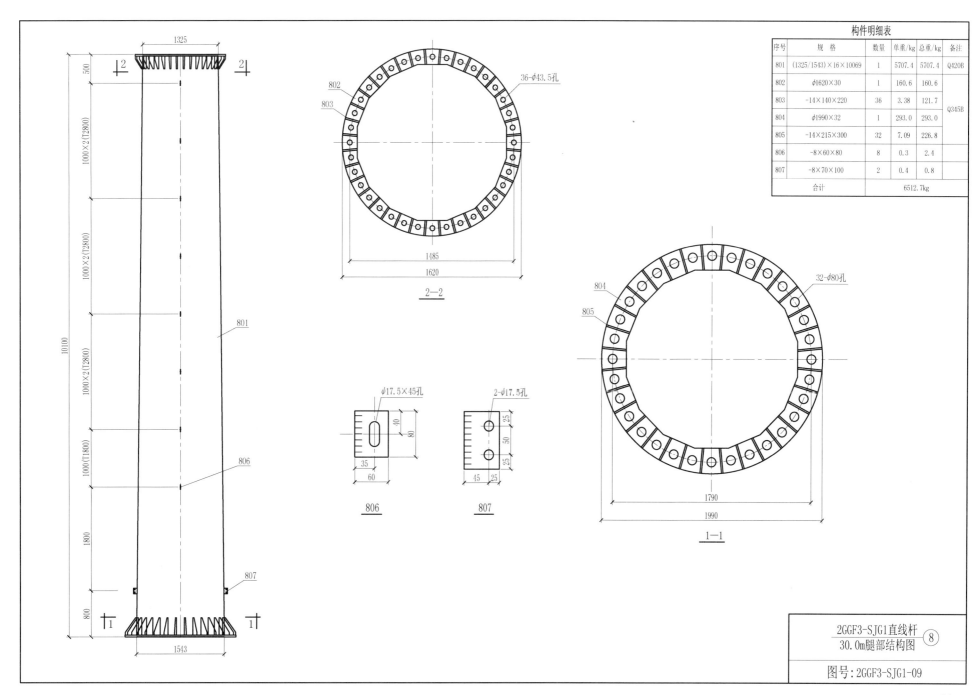

构件明细表						
序号	规　格	数量	单重/kg	总重/kg	备注
801	(1325/1543)×16×10069	1	5707.4	5707.4	Q420B
802	φ1620×30	1	160.6	160.6	Q345B
803	-14×140×220	36	3.38	121.7	
804	φ1990×32	1	293.0	293.0	
805	-14×215×300	32	7.09	226.8	
806	-8×60×80	8	0.3	2.4	
807	-8×70×100	2	0.4	0.8	
合计				6512.7kg	

36-φ43.5孔

2-2

φ17.5×45孔

2-φ17.5孔

806

807

32-φ80孔

1-1

2GGF3-SJG1直线杆
30.0m腿部结构图 ⑧

图号：2GGF3-SJG1-09

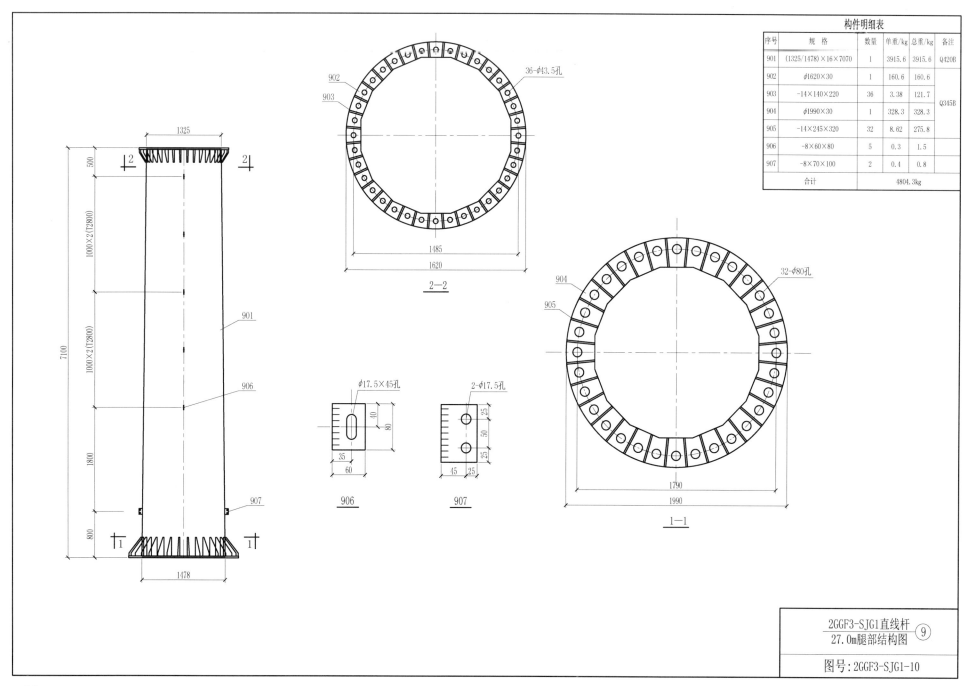

构件明细表					
序号	规 格	数量	单重/kg	总重/kg	备注
901	(1325/1478)×16×7070	1	3915.6	3915.6	Q420B
902	φ1620×30	1	160.6	160.6	
903	-14×140×220	36	3.38	121.7	Q345B
904	φ1990×30	1	328.3	328.3	
905	-14×245×320	32	8.62	275.8	
906	-8×60×80	5	0.3	1.5	
907	-8×70×100	2	0.4	0.8	
合计				4804.3kg	

36-φ43.5孔

2-2

32-φ80孔

1-1

φ17.5×45孔

2-φ17.5孔

906

907

2GGF3-SJG1直线杆
27.0m腿部结构图 ⑨

图号：2GGF3-SJG1-10

92

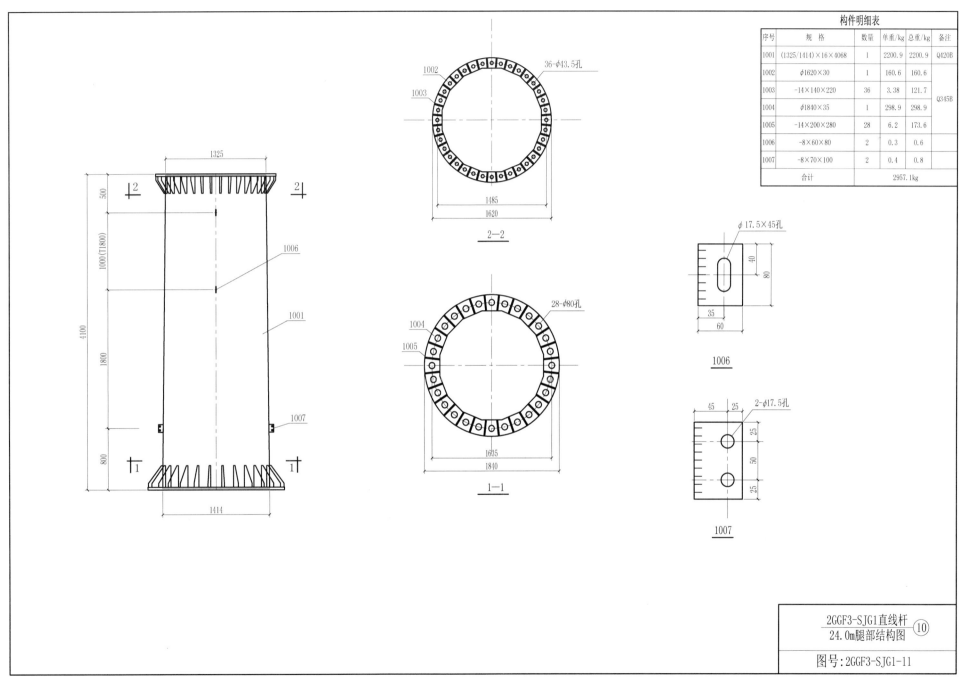

构件明细表					
序号	规 格	数量	单重/kg	总重/kg	备注
1001	(1325/1414)×16×4068	1	2200.9	2200.9	Q420B
1002	φ1620×30	1	160.6	160.6	Q345B
1003	-14×140×220	36	3.38	121.7	
1004	φ1840×35	1	298.9	298.9	
1005	-14×200×280	28	6.2	173.6	
1006	-8×60×80	2	0.3	0.6	
1007	-8×70×100	2	0.4	0.8	
合计				2957.1kg	

2GGF3-SJG1直线杆
24.0m腿部结构图 ⑩

图号:2GGF3-SJG1-11

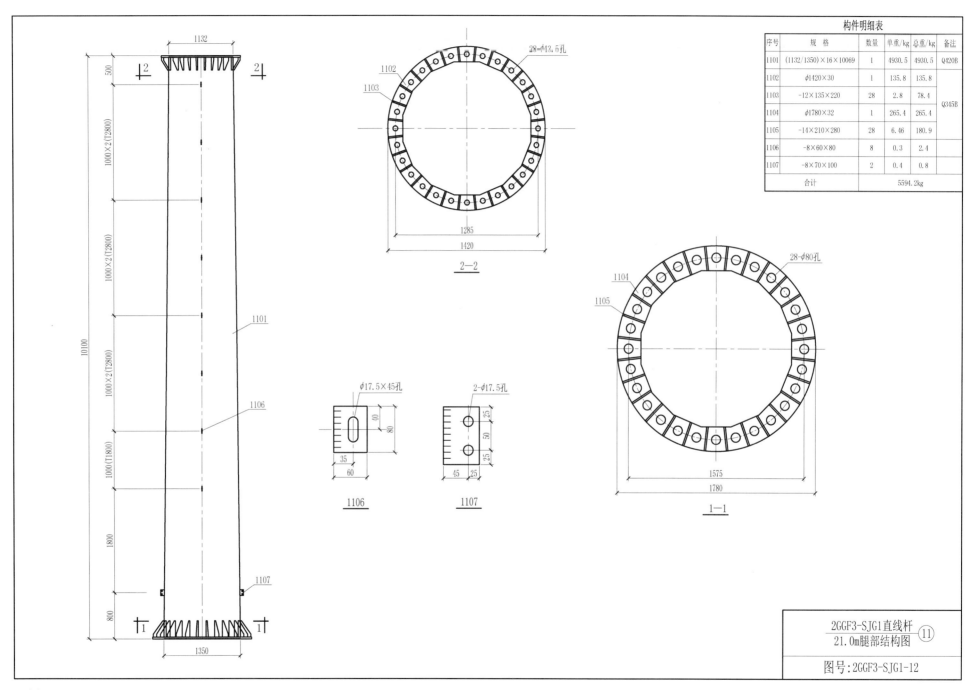

构件明细表

序号	规 格	数量	单重/kg	总重/kg	备注
1101	(1132/1350)×16×10069	1	4930.5	4930.5	Q420B
1102	φ1420×30	1	135.8	135.8	
1103	-12×135×220	28	2.8	78.4	Q345B
1104	φ1780×32	1	265.4	265.4	
1105	-14×210×280	28	6.46	180.9	
1106	-8×60×80	8	0.3	2.4	
1107	-8×70×100	2	0.4	0.8	
合计				5594.2kg	

2GGF3-SJG1直线杆 ⑪
21.0m腿部结构图

图号:2GGF3-SJG1-12

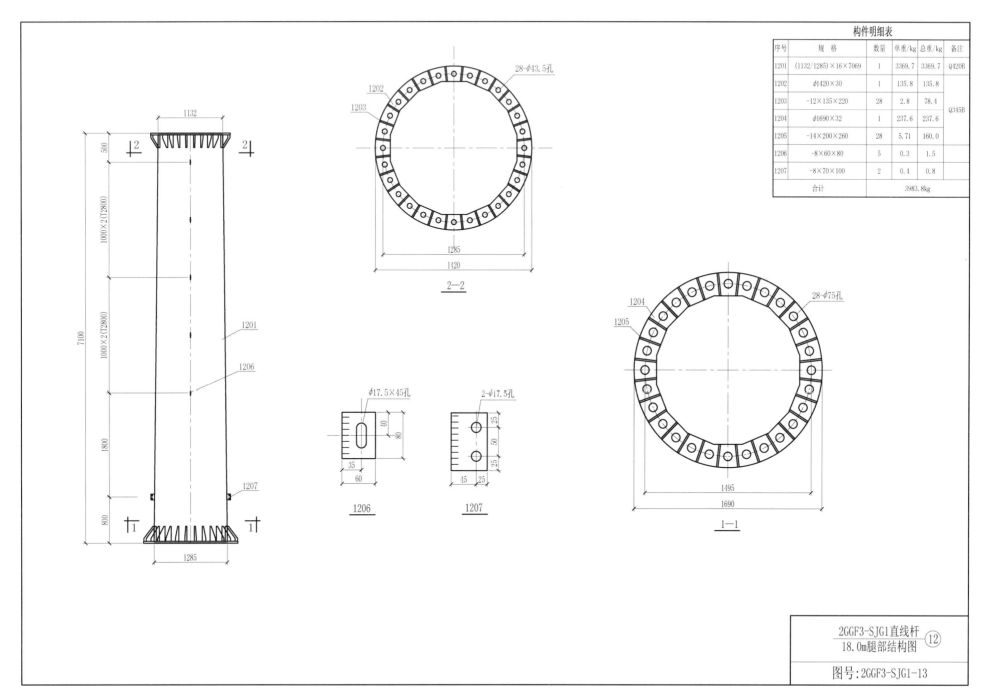

	构件明细表				
序号	规　格	数量	单重/kg	总重/kg	备注
1201	(1132/1285)×16×7069	1	3369.7	3369.7	Q420B
1202	φ1420×30	1	135.8	135.8	Q345B
1203	-12×135×220	28	2.8	78.4	
1204	φ1690×32	1	237.6	237.6	
1205	-14×200×260	28	5.71	160.0	
1206	-8×60×80	5	0.3	1.5	
1207	-8×70×100	2	0.4	0.8	
合计				3983.8kg	

28-φ43.5孔

1202
1203

1285
1420

2—2

φ17.5×45孔
2-φ17.5孔

1206
1207

28-φ75孔

1204
1205

1495
1690

1—1

1132
500
1000×2(T2800)
1000×2(T2800)
1800
800
7100
1285

1201
1206
1207

2GGF3-SJG1直线杆
18.0m腿部结构图 ⑫

图号：2GGF3-SJG1-13

95

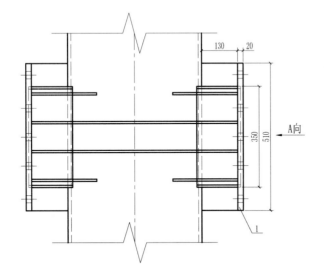

A向

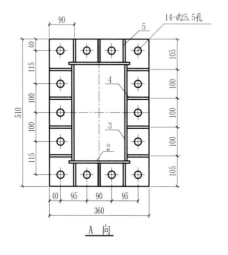

14-φ25.5孔

A 向

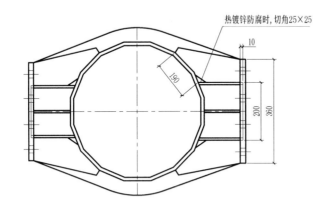

热镀锌防腐时,切角25×25

构件明细表

序号	规　　格	数量	单重/kg	总重/kg	备　注
1	-20×360×510	2	28.8	57.6	
2	-8×220	4	2.1	8.4	
3	-8×284	4	3.0	12.0	158.4kg
4	-8	8	3.6	28.8	
5	-8	12	0.7	8.4	
6	-8	4	10.8	43.2	

说明:
序号2、3、4、5尺寸以实际放样为准。

2GGF3-SJG1直线杆
地线横担1连接法兰

图号:2GGF3-SJG1-14

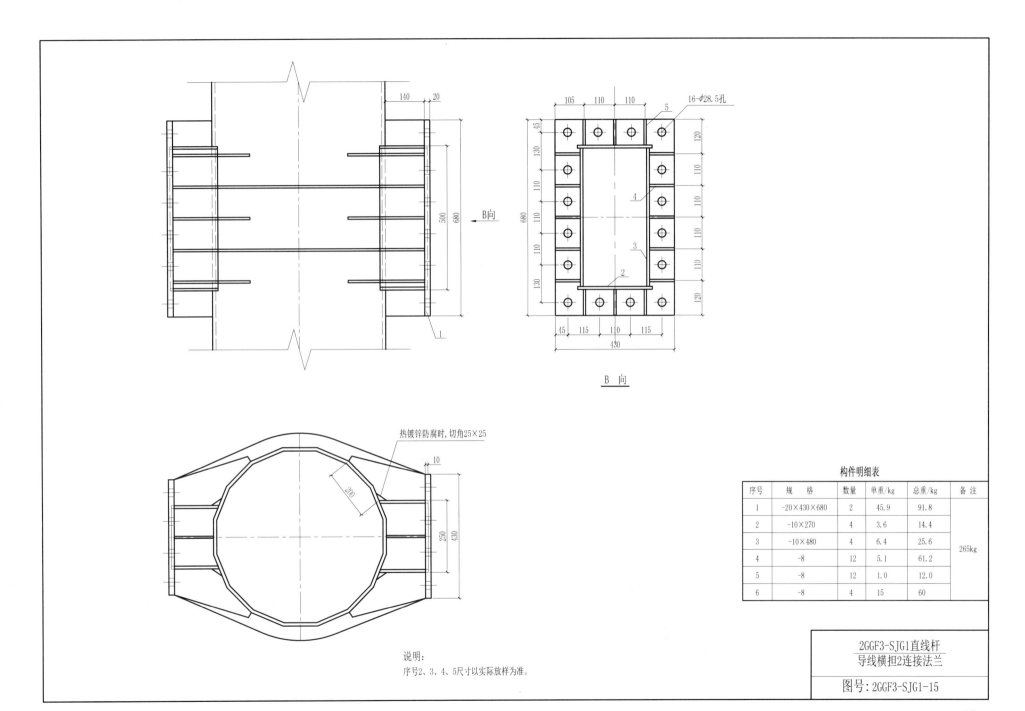

B向

B 向

16-φ28.5孔

热镀锌防腐时,切角25×25

说明:
序号2、3、4、5尺寸以实际放样为准。

构件明细表

序号	规 格	数量	单重/kg	总重/kg	备 注
1	-20×430×680	2	45.9	91.8	
2	-10×270	4	3.6	14.4	
3	-10×480	4	6.4	25.6	265kg
4	-8	12	5.1	61.2	
5	-8	12	1.0	12.0	
6	-8	4	15	60	

2GGF3-SJG1直线杆
导线横担2连接法兰

图号:2GGF3-SJG1-15

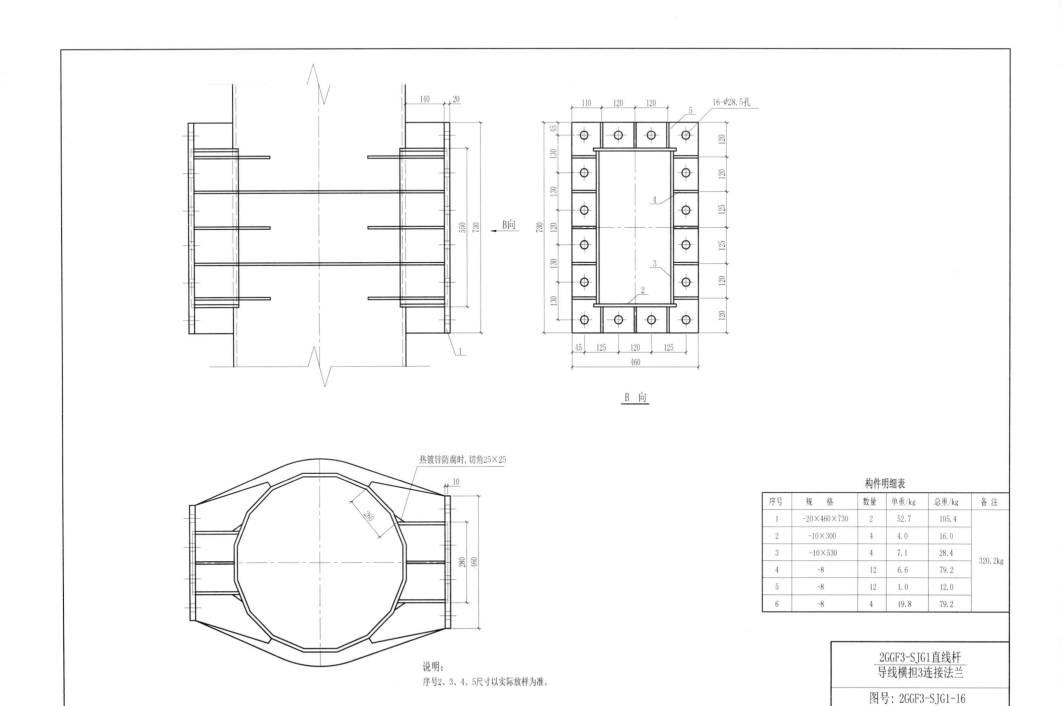

热镀锌防腐时，切角25×25

260

10

280

460

说明：
序号2、3、4、5尺寸以实际放样为准。

B向

B 向

140 20

550

730

110 120 120

16-φ28.5孔

5

45

130

130

130

120

130

130

4

3

2

120

120

120

125

125

120

120

45 125 120 125

460

730

730

1

构件明细表

序号	规　　格	数量	单重/kg	总重/kg	备注
1	-20×460×730	2	52.7	105.4	
2	-10×300	4	4.0	16.0	
3	-10×530	4	7.1	28.4	320.2kg
4	-8	12	6.6	79.2	
5	-8	12	1.0	12.0	
6	-8	4	19.8	79.2	

2GGF3-SJG1直线杆
导线横担3连接法兰

图号：2GGF3-SJG1-16

98

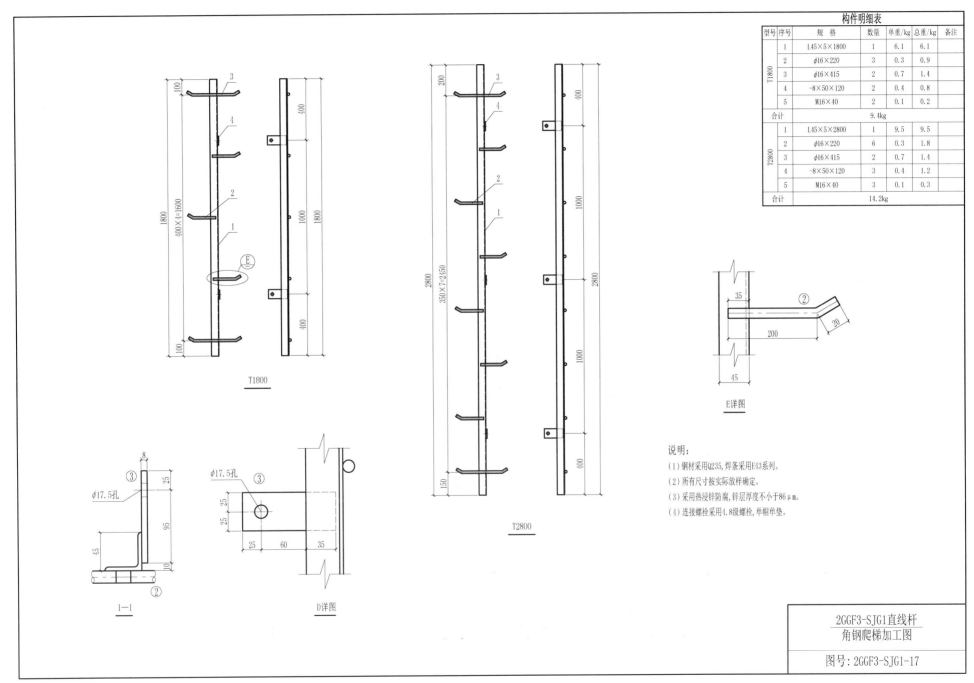

构件明细表

型号	序号	规格	数量	单重/kg	总重/kg	备注
T1800	1	L45×5×1800	1	6.1	6.1	
	2	φ16×220	3	0.3	0.9	
	3	φ16×415	2	0.7	1.4	
	4	-8×50×120	2	0.4	0.8	
	5	M16×40	2	0.1	0.2	
合计					9.4kg	
T2800	1	L45×5×2800	1	9.5	9.5	
	2	φ16×220	6	0.3	1.8	
	3	φ16×415	2	0.7	1.4	
	4	-8×50×120	3	0.4	1.2	
	5	M16×40	3	0.1	0.3	
合计					14.2kg	

T1800

T2800

E详图

说明:
(1) 钢材采用Q235,焊条采用E43系列。
(2) 所有尺寸按实际放样确定。
(3) 采用热浸锌防腐,锌层厚度不小于86μm。
(4) 连接螺栓采用4.8级螺栓,单帽单垫。

φ17.5孔

1-1

φ17.5孔

D详图

2GGF3-SJG1直线杆
角钢爬梯加工图

图号: 2GGF3-SJG1-17

第 13 章

2GGF3-SJG2 钢管杆加工图

2GGF3-SJG2图 纸 目 录

序号	图 号	图 名	张数	备 注
1	2GGF3-SJG2-01	2GGF3-SJG2直线杆总图	1	
2	2GGF3-SJG2-02	2GGF3-SJG2直线杆地线横担结构图 ①	1	
3	2GGF3-SJG2-03	2GGF3-SJG2直线杆导线横担结构图 ②、④	1	
4	2GGF3-SJG2-04	2GGF3-SJG2直线杆导线横担结构图 ③	1	
5	2GGF3-SJG2-05	2GGF3-SJG2直线杆身部结构图 ⑤	1	
6	2GGF3-SJG2-06	2GGF3-SJG2直线杆身部结构图 ⑥	1	
7	2GGF3-SJG2-07	2GGF3-SJG2直线杆身部结构图 ⑦	1	
8	2GGF3-SJG2-08	2GGF3-SJG2直线杆身部结构图 ⑧	1	
9	2GGF3-SJG2-09	2GGF3-SJG2直线杆30.0m腿部结构图 ⑨	1	
10	2GGF3-SJG2-10	2GGF3-SJG2直线杆27.0m腿部结构图 ⑩	1	
11	2GGF3-SJG2-11	2GGF3-SJG2直线杆24.0m腿部结构图 ⑪	1	
12	2GGF3-SJG2-12	2GGF3-SJG2直线杆21.0m腿部结构图 ⑫	1	
13	2GGF3-SJG2-13	2GGF3-SJG2直线杆18.0m腿部结构图 ⑬	1	
14	2GGF3-SJG2-14	2GGF3-SJG2直线杆地线横担①连接法兰	1	
15	2GGF3-SJG2-15	2GGF3-SJG2直线杆导线横担②、④连接法兰	1	
16	2GGF3-SJG2-16	2GGF3-SJG2直线杆导线横担③连接法兰	1	
17	2GGF3-SJG2-17	2GGF3-SJG2直线杆角钢爬梯加工图	1	

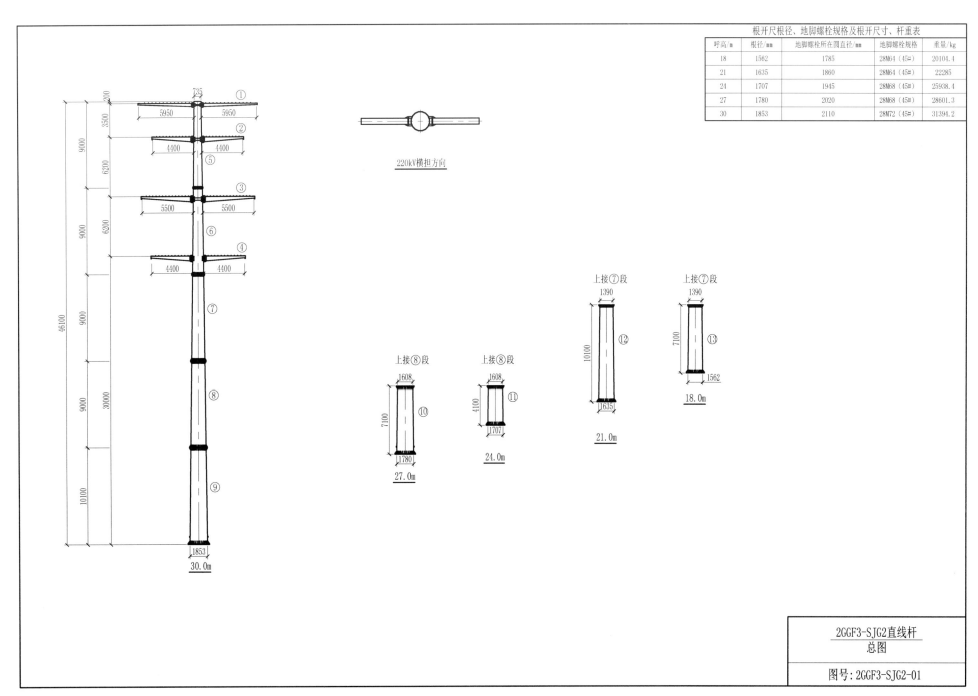

根开尺根径、地脚螺栓规格及根开尺寸、杆重表

呼高/m	根径/mm	地脚螺栓所在圆直径/mm	地脚螺栓规格	重量/kg
18	1562	1785	28M64（45#）	20104.4
21	1635	1860	28M64（45#）	22285
24	1707	1945	28M68（45#）	25938.4
27	1780	2020	28M68（45#）	28601.3
30	1853	2110	28M72（45#）	31394.2

220kV横担方向

上接⑦段
1390
7100
⑫
1635
21.0m

上接⑦段
1390
7100
⑬
1562
18.0m

上接⑧段
1608
7100
⑩
1780
27.0m

上接⑧段
1608
4100
⑪
1707
24.0m

735
①
5950 5950

200
3500
9000
②
4400 4400
⑤

6200
③
5500 5500
⑥

9000
6200
④
4400 4400

9000
⑦

9000
3000
⑧

10100
⑨

46100
1853
30.0m

2GGF3-SJG2直线杆
总图

图号：2GGF3-SJG2-01

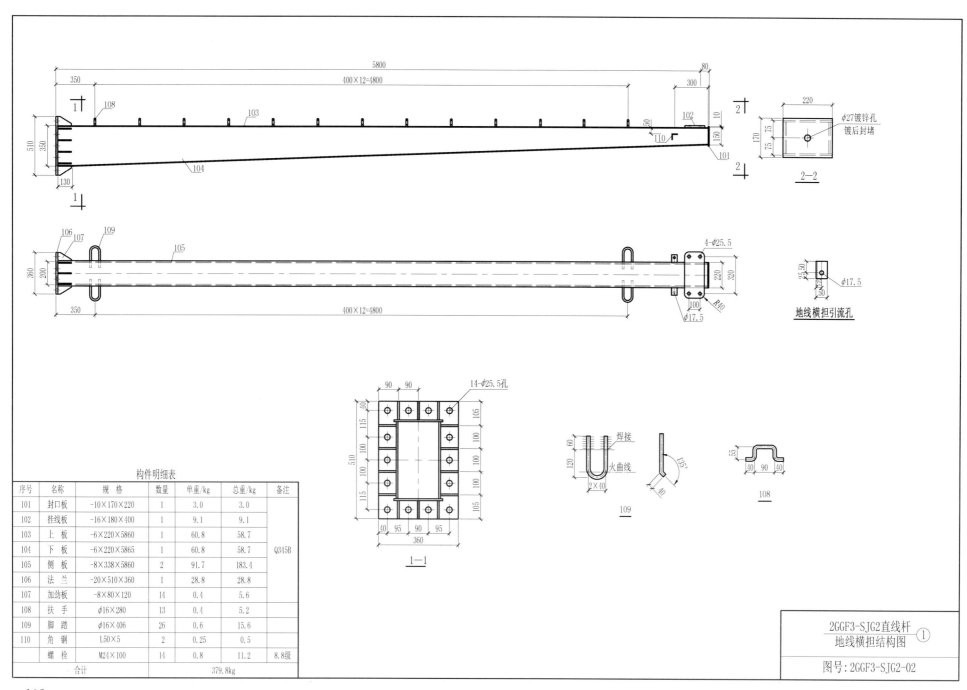

构件明细表						
序号	名称	规格	数量	单重/kg	总重/kg	备注
101	封口板	-10×170×220	1	3.0	3.0	
102	挂线板	-16×180×400	1	9.1	9.1	
103	上板	-6×220×5860	1	60.8	58.7	
104	下板	-6×220×5865	1	60.8	58.7	Q345B
105	侧板	-8×338×5860	2	91.7	183.4	
106	法兰	-20×510×360	1	28.8	28.8	
107	加劲板	-8×80×120	14	0.4	5.6	
108	扶手	φ16×280	13	0.4	5.2	
109	脚踏	φ16×406	26	0.6	15.6	
110	角钢	L50×5	2	0.25	0.5	
	螺栓	M24×100	14	0.8	11.2	8.8级
合计					379.8kg	

2GGF3-SJG2直线杆 ①
地线横担结构图

图号：2GGF3-SJG2-02

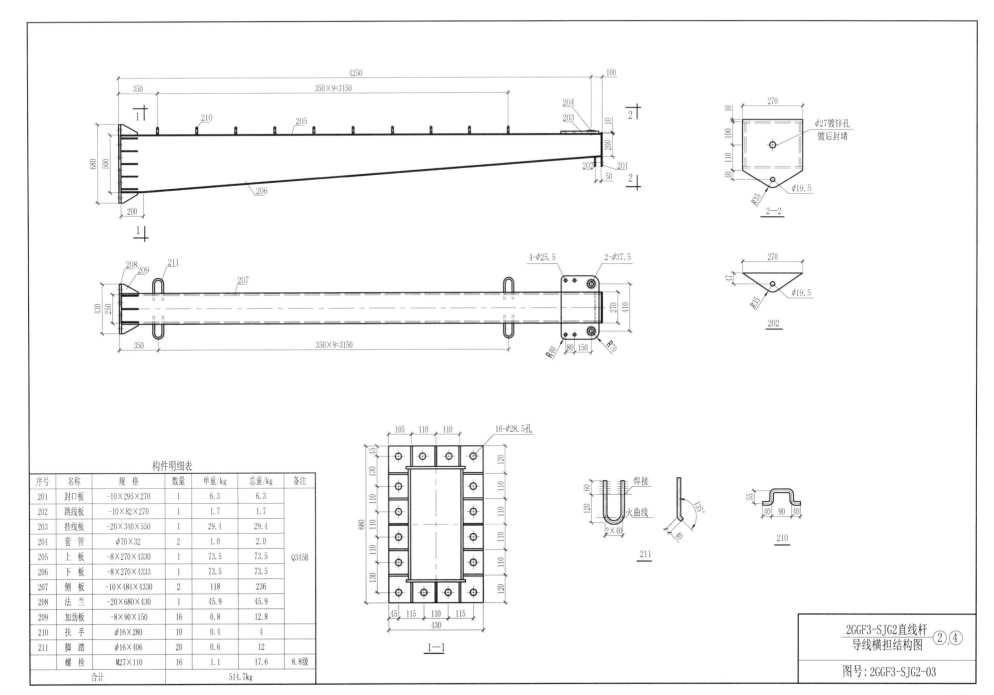

构件明细表

序号	名称	规格	数量	单重/kg	总重/kg	备注
201	封口板	−10×295×270	1	6.3	6.3	
202	跳线板	−10×82×270	1	1.7	1.7	
203	挂线板	−20×340×550	1	29.4	29.4	
204	套管	φ70×32	2	1.0	2.0	
205	上板	−8×270×4330	1	73.5	73.5	Q345B
206	下板	−8×270×4333	1	73.5	73.5	
207	侧板	−10×484×4330	2	118	236	
208	法兰	−20×680×430	1	45.9	45.9	
209	加劲板	−8×90×150	16	0.8	12.8	
210	扶手	φ16×280	10	0.4	4	
211	脚踏	φ16×406	20	0.6	12	
	螺栓	M27×110	16	1.1	17.6	8.8级
	合计				514.7kg	

2GGF3-SJG2直线杆
导线横担结构图 ②、④

图号：2GGF3-SJG2-03

103

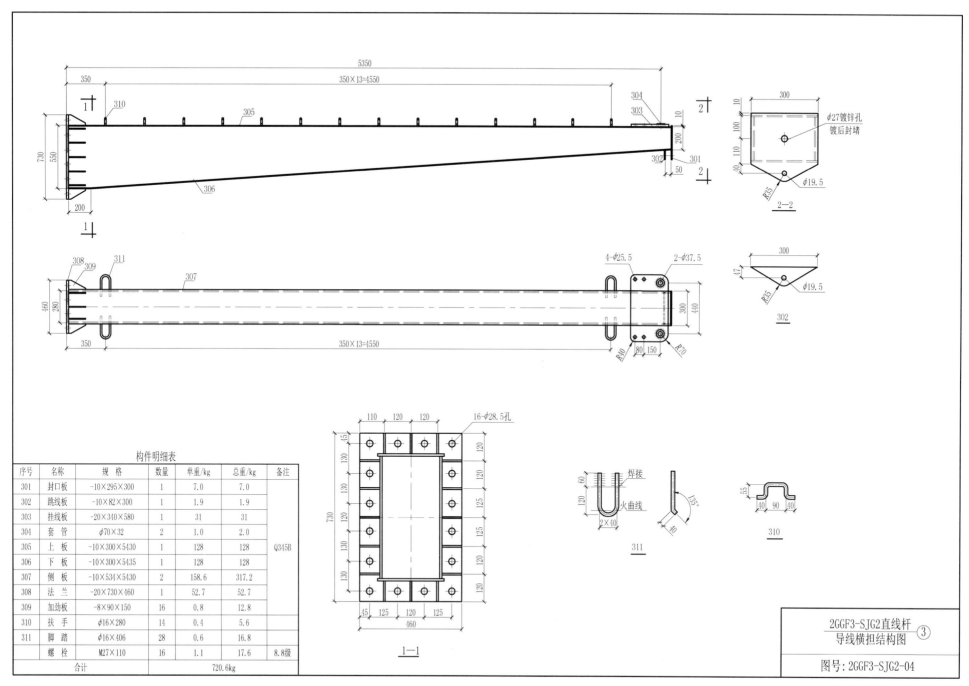

构件明细表

序号	名称	规格	数量	单重/kg	总重/kg	备注
301	封口板	-10×295×300	1	7.0	7.0	
302	跳线板	-10×82×300	1	1.9	1.9	
303	挂线板	-20×340×580	1	31	31	
304	套管	φ70×32	2	1.0	2.0	
305	上板	-10×300×5430	1	128	128	Q345B
306	下板	-10×300×5435	1	128	128	
307	侧板	-10×534×5430	2	158.6	317.2	
308	法兰	-20×730×460	1	52.7	52.7	
309	加劲板	-8×90×150	16	0.8	12.8	
310	扶手	φ16×280	14	0.4	5.6	
311	脚踏	φ16×406	28	0.6	16.8	
	螺栓	M27×110	16	1.1	17.6	8.8级
合计					720.6kg	

2GGF3-SJG2直线杆
导线横担结构图 ③

图号：2GGF3-SJG2-04

104

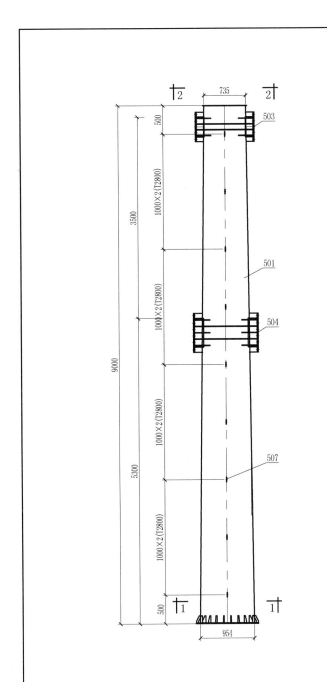

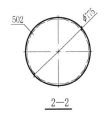

2—2

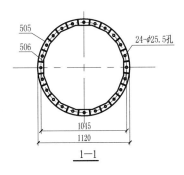

24-φ25.5孔

1045
1120

1—1

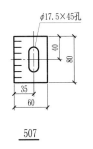

φ17.5×45孔

507

序号	规 格	数量	单重/kg	总重/kg	备注
501	(735/954)×8×8986	1	1504.7	1504.7	Q420B
502	φ775×6	1	23.1	23.1	
503	地线横担法兰	1	158.4	158.4	标准件
504	导线横担法兰一	1	265	265	
505	φ1120×16	1	34.0	34.0	Q345B
506	-6×80×120	24	0.5	12.0	
507	-8×60×80	9	0.3	2.7	
508	M24×100	24	1.0	24	8.8级
合计				2023.9 kg	

构件明细表

2GGF3-SJG2直线杆 ⑤
身部结构图

图号：2GGF3-SJG2-05

105

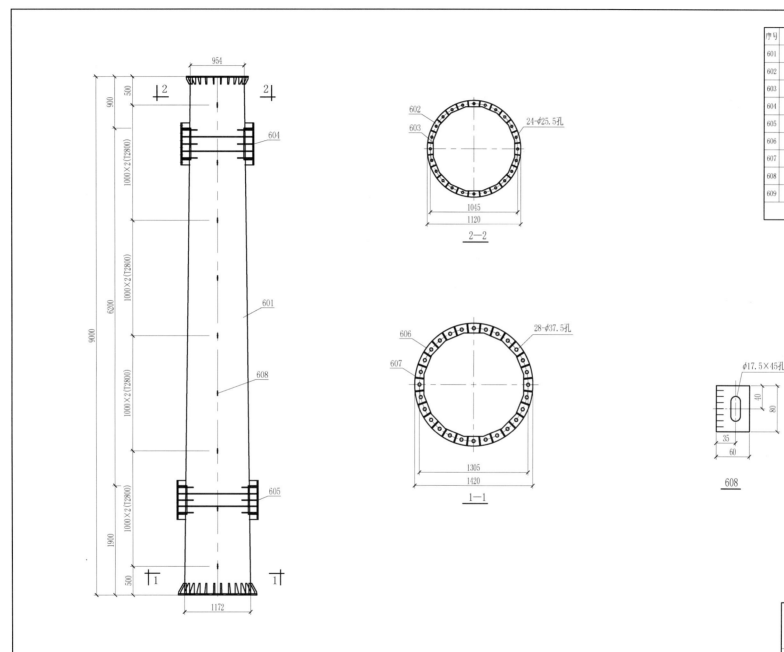

构件明细表					
序号	规 格	数量	单重/kg	总重/kg	备注
601	(954/1172)×12×8980	1	2835.8	2835.8	Q420B
602	φ1120×16	1	34.0	34.0	Q345B
603	-6×80×120	24	0.5	12.0	
604	导线横担法兰二	1	320.2	320.2	标准件
605	导线横担法兰三	1	265	265	
606	φ1420×24	1	95.1	95.1	Q345B
607	-10×120×180	28	1.7	47.6	
608	-8×60×80	9	0.3	2.7	
609	M36×150	28	2.3	64.4	8.8级
合计				3676.8 kg	

602
603
24-φ25.5孔

1045
1120

2—2

606
607
28-φ37.5孔

1305
1420

1—1

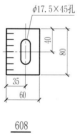

φ17.5×45孔
40
80
35
60

608

2GGF3-SJG2直线杆 ⑥
身部结构图

图号:2GGF3-SJG2-06

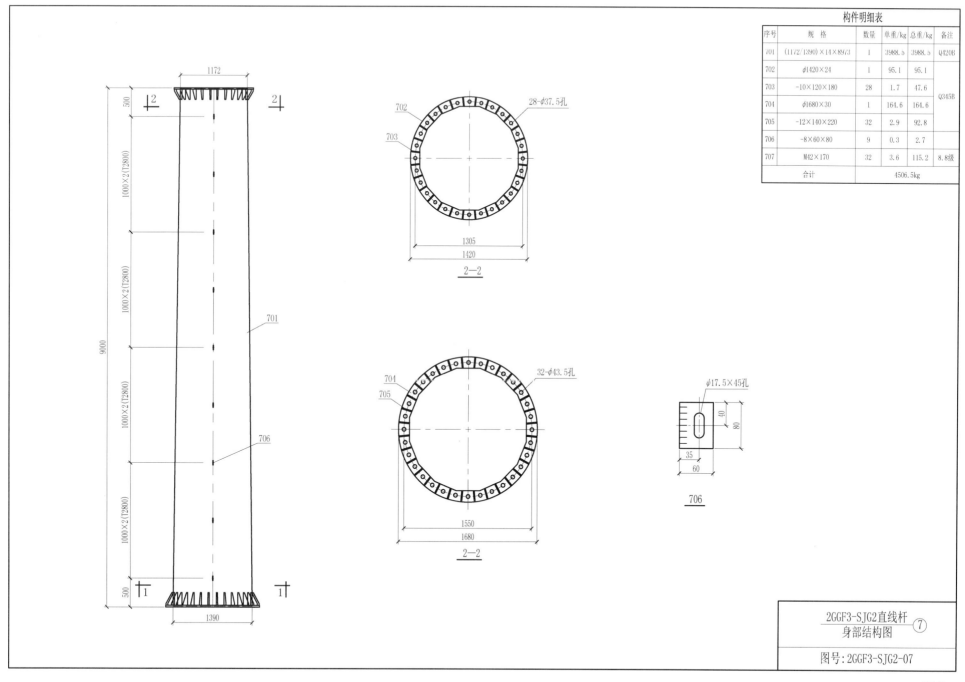

構件明細表

序号	規 格	数量	单重/kg	总重/kg	备注
701	(1172/1390)×14×8973	1	3988.5	3988.5	Q420B
702	φ1420×24	1	95.1	95.1	Q345B
703	-10×120×180	28	1.7	47.6	
704	φ1680×30	1	164.6	164.6	
705	-12×140×220	32	2.9	92.8	
706	-8×60×80	9	0.3	2.7	
707	M42×170	32	3.6	115.2	8.8级
合计				4506.5kg	

2GGF3-SJG2直线杆
身部结构图 ⑦

图号：2GGF3-SJG2-07

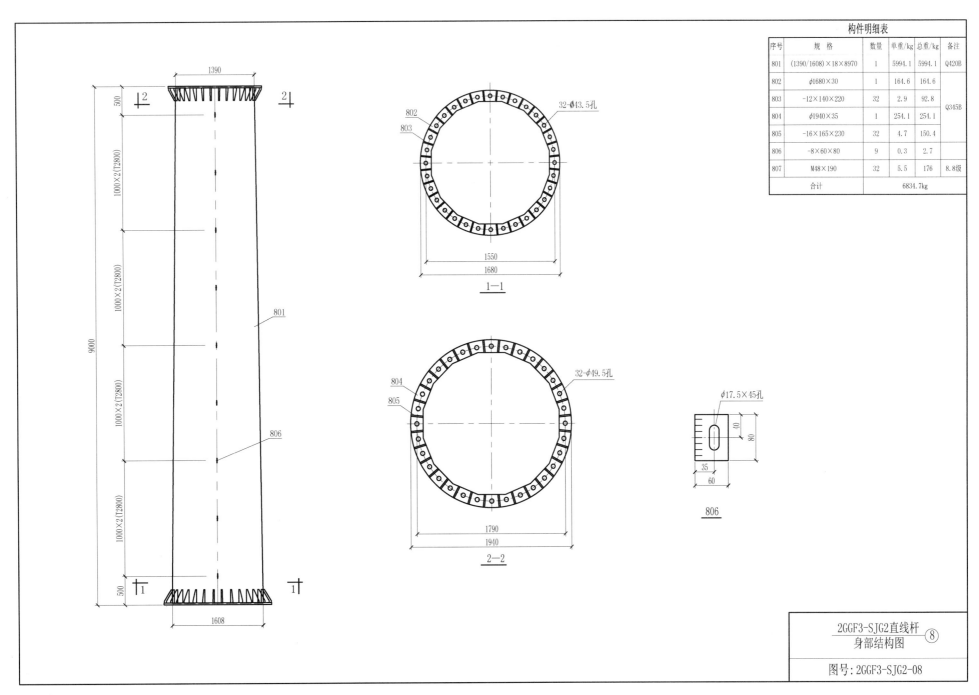

构件明细表					
序号	规格	数量	单重/kg	总重/kg	备注
801	(1390/1608)×18×8970	1	5994.1	5994.1	Q420B
802	φ1680×30	1	164.6	164.6	Q345B
803	-12×140×220	32	2.9	92.8	
804	φ1940×35	1	254.1	254.1	
805	-16×165×230	32	4.7	150.4	
806	-8×60×80	9	0.3	2.7	
807	M48×190	32	5.5	176	8.8级
合计				6834.7kg	

1390

500

1000×2(T2800)

1000×2(T2800)

1000×2(T2800)

1000×2(T2800)

500

9000

801

806

1608

32-φ43.5孔

802

803

1550

1680

1—1

32-φ49.5孔

804

805

1790

1940

2—2

φ17.5×45孔

40

80

35

60

806

2GGF3-SJG2直线杆
身部结构图 ⑧

图号：2GGF3-SJG2-08

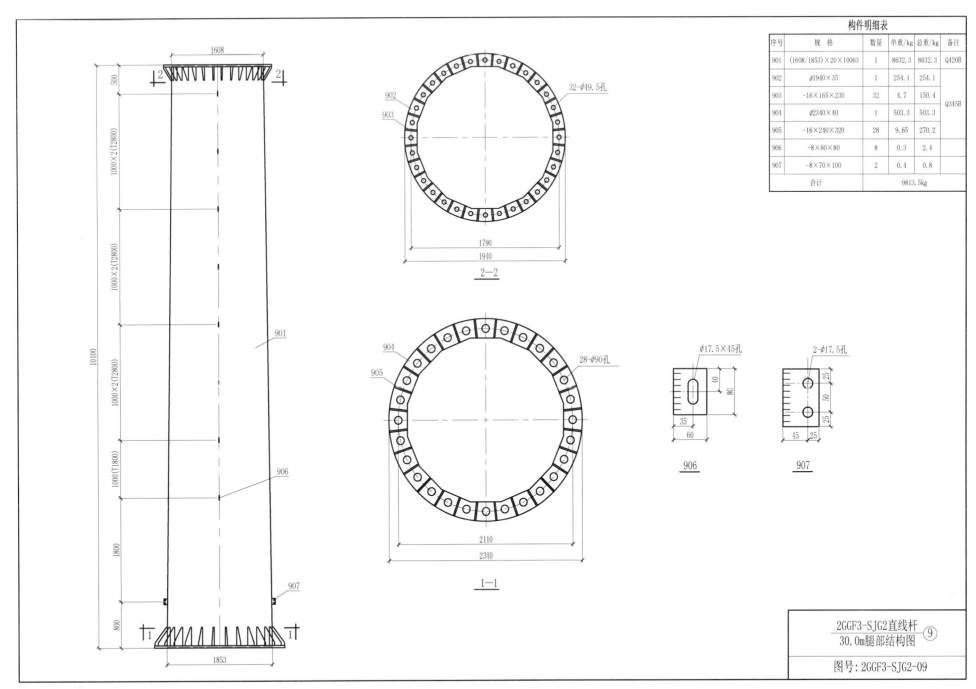

构件明细表

序号	规 格	数量	单重/kg	总重/kg	备注
901	(1608/1853)×20×10063	1	8632.3	8632.3	Q420B
902	φ1940×35	1	254.1	254.1	Q345B
903	-16×165×230	32	4.7	150.4	
904	φ2340×40	1	503.3	503.3	
905	-16×240×320	28	9.65	270.2	
906	-8×60×80	8	0.3	2.4	
907	-8×70×100	2	0.4	0.8	
合计				9813.5kg	

2GGF3-SJG2直线杆
30.0m腿部结构图 ⑨

图号：2GGF3-SJG2-09

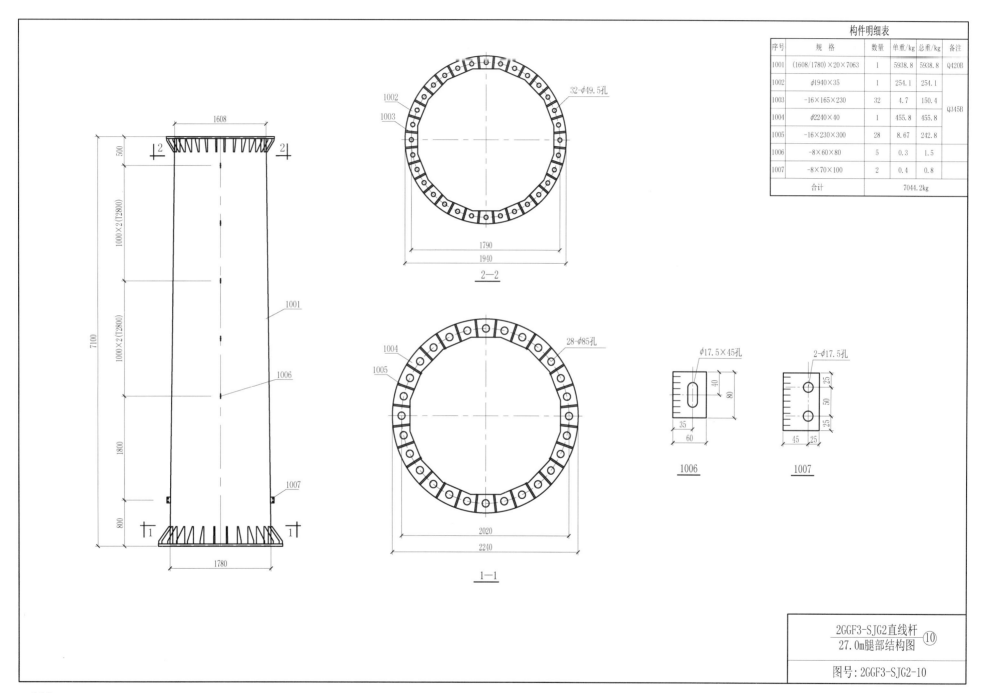

构件明细表

序号	规格	数量	单重/kg	总重/kg	备注
1001	(1608/1780)×20×7063	1	5938.8	5938.8	Q420B
1002	φ1940×35	1	254.1	254.1	Q345B
1003	-16×165×230	32	4.7	150.4	
1004	φ2240×40	1	455.8	455.8	
1005	-16×230×300	28	8.67	242.8	
1006	-8×60×80	5	0.3	1.5	
1007	-8×70×100	2	0.4	0.8	
合计				7044.2kg	

32-φ49.5孔

1790

1940

2—2

28-φ85孔

2020

2240

1—1

φ17.5×45孔

1006

2-φ17.5孔

1007

1608

500

1000×2(T2800)

1000×2(T2800)

1800

800

7100

1780

1001

1006

1007

2GGF3-SJG2直线杆 ⑩
27.0m腿部结构图

图号：2GGF3-SJG2-10

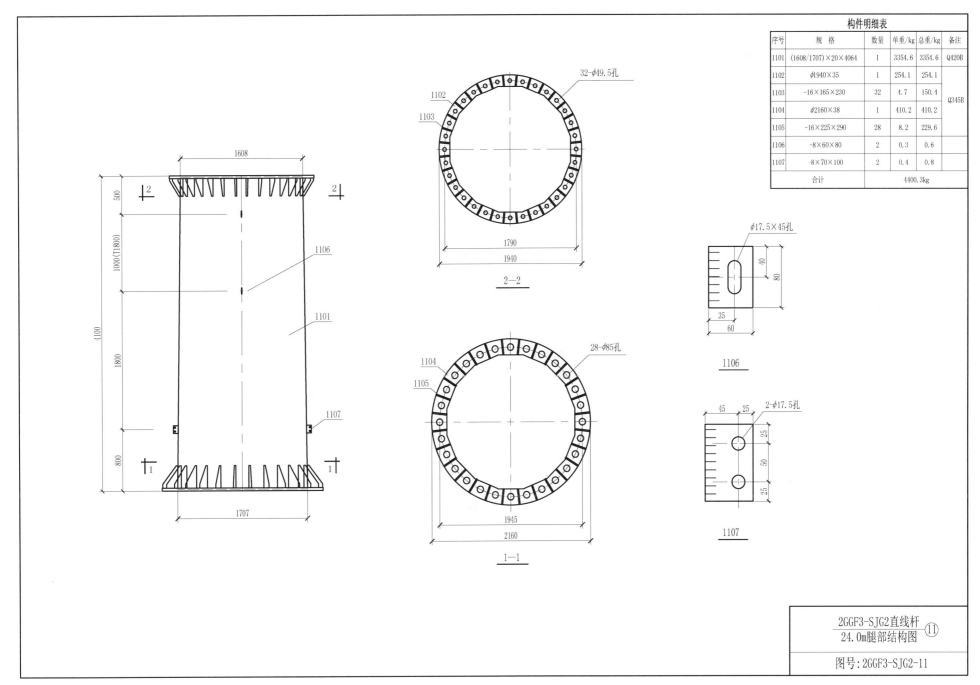

构件明细表

序号	规 格	数量	单重/kg	总重/kg	备注
1101	(1608/1707)×20×4064	1	3354.6	3354.6	Q420B
1102	φ1940×35	1	254.1	254.1	Q345B
1103	-16×165×230	32	4.7	150.4	
1104	φ2160×38	1	410.2	410.2	
1105	-16×225×290	28	8.2	229.6	
1106	-8×60×80	2	0.3	0.6	
1107	-8×70×100	2	0.4	0.8	
合计				4400.3kg	

32-φ49.5孔

1102

1103

1790

1940

2—2

φ17.5×45孔

40

80

35

60

1106

28-φ85孔

1104

1105

1945

2160

1—1

45 25

2-φ17.5孔

25

50

25

1107

2GGF3-SJG2直线杆
24.0m腿部结构图 ⑪

图号: 2GGF3-SJG2-11

111

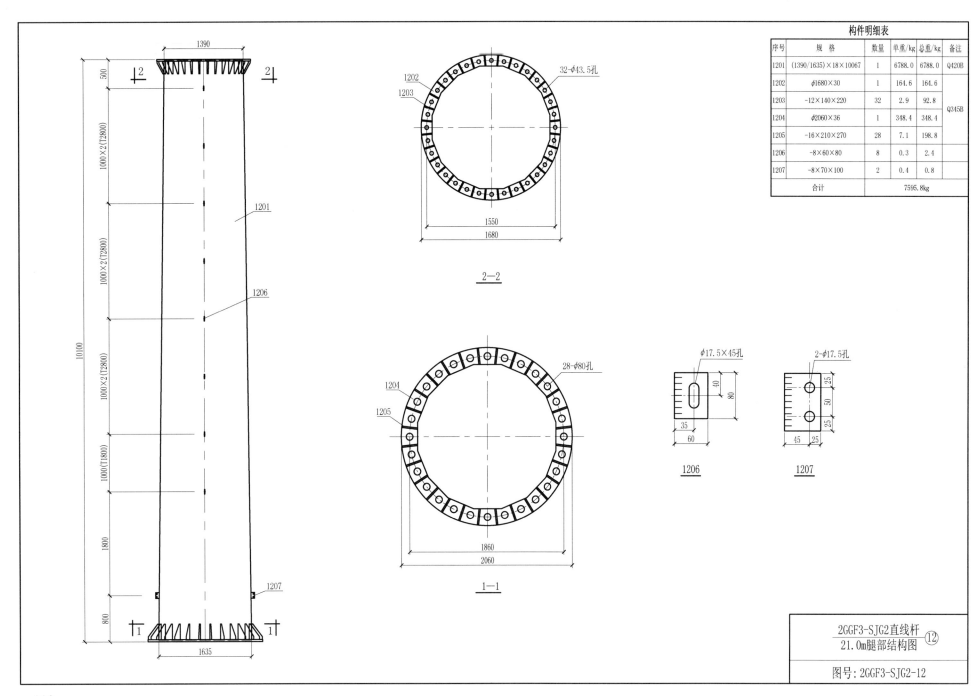

构件明细表					
序号	规 格	数量	单重/kg	总重/kg	备注
1201	(1390/1635)×18×10067	1	6788.0	6788.0	Q420B
1202	φ1680×30	1	164.6	164.6	Q345B
1203	-12×140×220	32	2.9	92.8	
1204	φ2060×36	1	348.4	348.4	
1205	-16×210×270	28	7.1	198.8	
1206	-8×60×80	8	0.3	2.4	
1207	-8×70×100	2	0.4	0.8	
合计				7595.8kg	

2—2

32-φ43.5孔

28-φ80孔

1—1

φ17.5×45孔

1206

2-φ17.5孔

1207

2GGF3-SJG2直线杆 ⑫
21.0m腿部结构图

图号：2GGF3-SJG2-12

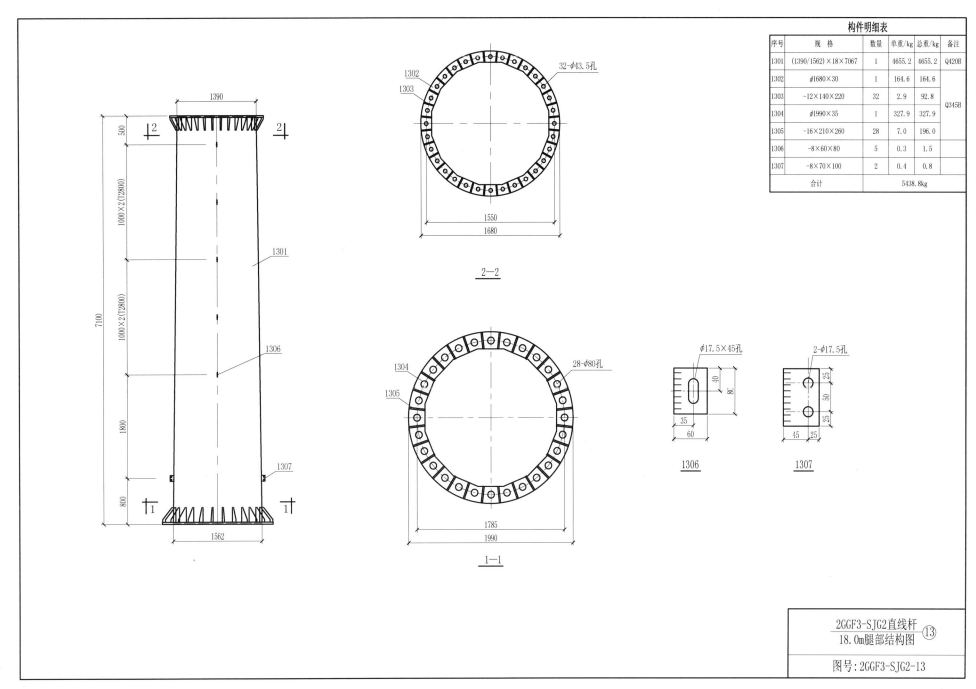

构件明细表					
序号	规　格	数量	单重/kg	总重/kg	备注
1301	(1390/1562)×18×7067	1	4655.2	4655.2	Q420B
1302	φ1680×30	1	164.6	164.6	Q345B
1303	-12×140×220	32	2.9	92.8	
1304	φ1990×35	1	327.9	327.9	
1305	-16×210×260	28	7.0	196.0	
1306	-8×60×80	5	0.3	1.5	
1307	-8×70×100	2	0.4	0.8	
合计				5438.8kg	

32-φ43.5孔

2—2

28-φ80孔

1—1

φ17.5×45孔

2-φ17.5孔

1306

1307

2GGF3-SJG2直线杆
18.0m腿部结构图 ⑬

图号:2GGF3-SJG2-13

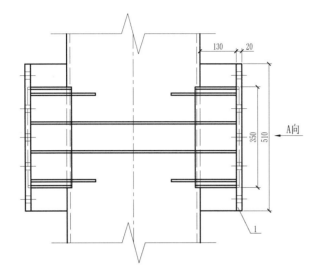

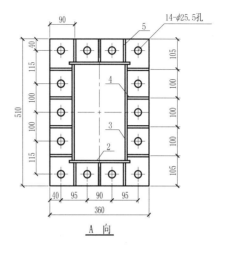

A 向

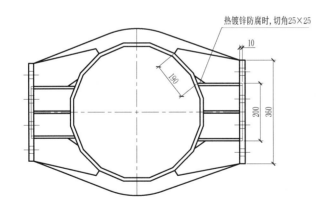

热镀锌防腐时,切角25×25

构件明细表

序号	规 格	数量	单重/kg	总重/kg	备 注
1	−20×360×510	2	28.8	57.6	
2	−8×220	4	2.1	8.4	158.4kg
3	−8×284	4	3.0	12.0	
4	−8	8	3.6	28.8	
5	−8	12	0.7	8.4	
6	−8	4	10.8	43.2	

说明:
序号2、3、4、5尺寸以实际放样为准。

2GGF3-SJG2直线杆
地线横担①连接法兰

图号:2GGF3-SJG2-14

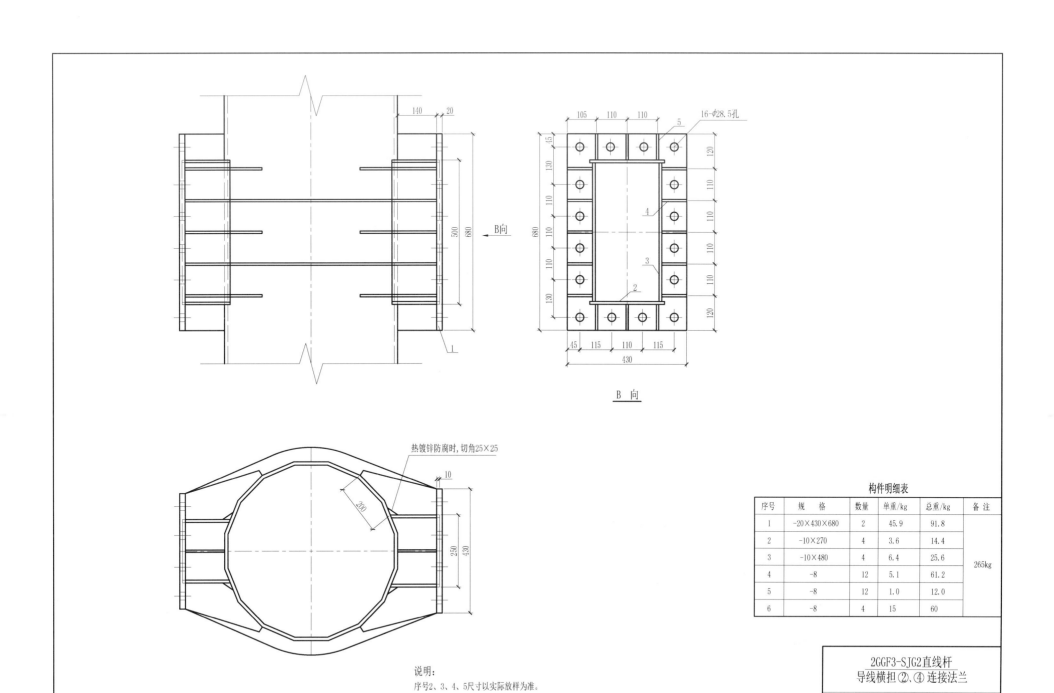

B向

B 向

热镀锌防腐时,切角25×25

构件明细表

序号	规 格	数量	单重/kg	总重/kg	备 注
1	−20×430×680	2	45.9	91.8	
2	−10×270	4	3.6	14.4	
3	−10×480	4	6.4	25.6	265kg
4	−8	12	5.1	61.2	
5	−8	12	1.0	12.0	
6	−8	4	15	60	

说明:
序号2、3、4、5尺寸以实际放样为准。

2GGF3-SJG2直线杆
导线横担②、④连接法兰

图号:2GGF3-SJG2-15

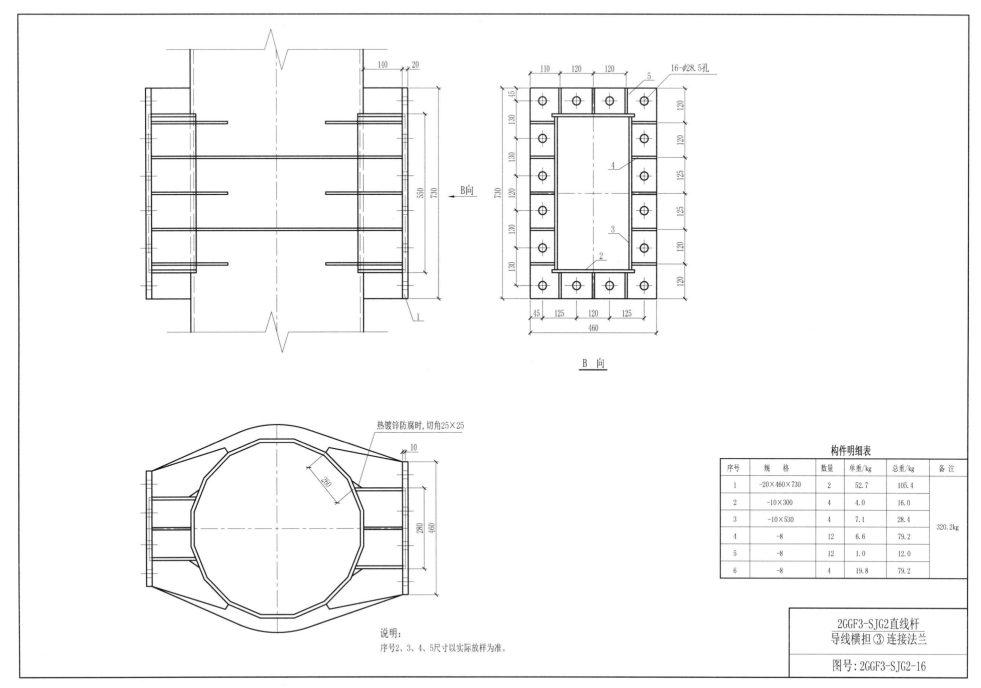

16-φ28.5孔

B向

B 向

热镀锌防腐时, 切角25×25

构件明细表

序号	规 格	数量	单重/kg	总重/kg	备 注
1	-20×460×730	2	52.7	105.4	
2	-10×300	4	4.0	16.0	
3	-10×530	4	7.1	28.4	320.2kg
4	-8	12	6.6	79.2	
5	-8	12	1.0	12.0	
6	-8	4	19.8	79.2	

说明:
序号2、3、4、5尺寸以实际放样为准。

2GGF3-SJG2直线杆
导线横担③连接法兰

图号: 2GGF3-SJG2-16

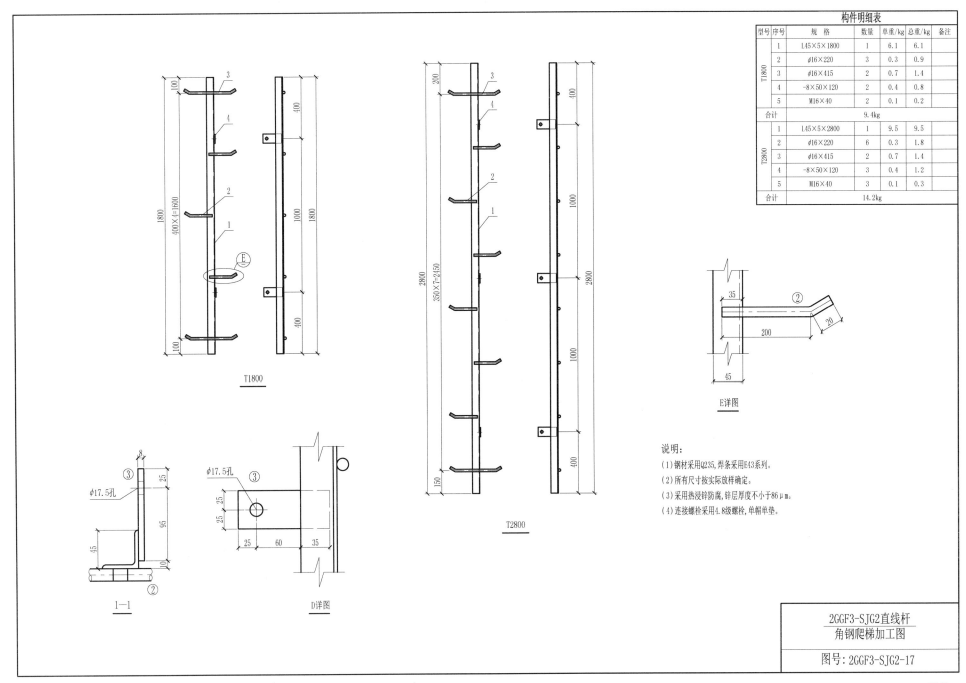

型号	序号	规 格	数量	单重/kg	总重/kg	备注
T1800	1	L45×5×1800	1	6.1	6.1	
	2	ϕ16×220	3	0.3	0.9	
	3	ϕ16×415	2	0.7	1.4	
	4	-8×50×120	2	0.4	0.8	
	5	M16×40	2	0.1	0.2	
合计					9.4kg	
T2800	1	L45×5×2800	1	9.5	9.5	
	2	ϕ16×220	6	0.3	1.8	
	3	ϕ16×415	2	0.7	1.4	
	4	-8×50×120	3	0.4	1.2	
	5	M16×40	3	0.1	0.3	
合计					14.2kg	

构件明细表

T1800

T2800

E详图

1—1

D详图

说明:
(1) 钢材采用Q235,焊条采用E43系列。
(2) 所有尺寸按实际放样确定。
(3) 采用热浸锌防腐,锌层厚度不小于86μm。
(4) 连接螺栓采用4.8级螺栓,单帽单垫。

2GGF3-SJG2直线杆
角钢爬梯加工图

图号: 2GGF3-SJG2-17

2GGF3-SJG3 图 纸 目 录

序号	图 号	图 名	张数	备 注
1	2GGF3-SJG3-01	2GGF3-SJG3直线杆总图	1	
2	2GGF3-SJG3-02	2GGF3-SJG3直线杆地线横担结构图 ①	1	
3	2GGF3-SJG3-03	2GGF3-SJG3直线杆地线横担结构图 ②	1	
4	2GGF3-SJG3-04	2GGF3-SJG3直线杆导线横担结构图 ③、⑦	1	
5	2GGF3-SJG3-05	2GGF3-SJG3直线杆导线横担结构图 ④、⑧	1	
6	2GGF3-SJG3-06	2GGF3-SJG3直线杆导线横担结构图 ⑤	1	
7	2GGF3-SJG3-07	2GGF3-SJG3直线杆导线横担结构图 ⑥	1	
8	2GGF3-SJG3-08	2GGF3-SJG3直线杆身部结构图 ⑨	1	
9	2GGF3-SJG3-09	2GGF3-SJG3直线杆身部结构图 ⑩	1	
10	2GGF3-SJG3-10	2GGF3-SJG3直线杆身部结构图 ⑪	1	
11	2GGF3-SJG3-11	2GGF3-SJG3直线杆身部结构图 ⑫	1	
12	2GGF3-SJG3-12	2GGF3-SJG3直线杆30.0m腿部结构图 ⑬	1	
13	2GGF3-SJG3-13	2GGF3-SJG3直线杆27.0m腿部结构图 ⑭	1	
14	2GGF3-SJG3-14	2GGF3-SJG3直线杆24.0m腿部结构图 ⑮	1	
15	2GGF3-SJG3-15	2GGF3-SJG3直线杆21.0m腿部结构图 ⑯	1	
16	2GGF3-SJG3-16	2GGF3-SJG3直线杆18.0m腿部结构图 ⑰	1	
17	2GGF3-SJG3-17	2GGF3-SJG3直线杆地线横担①、②连接法兰	1	
18	2GGF3-SJG3-18	2GGF3-SJG3直线杆导线横担③、④、⑦、⑧连接法兰	1	
19	2GGF3-SJG3-19	2GGF3-SJG3直线杆导线横担⑤、⑥连接法兰	1	
20	2GGF3-SJG3-20	2GGF3-SJG3直线杆角钢爬梯加工图	1	

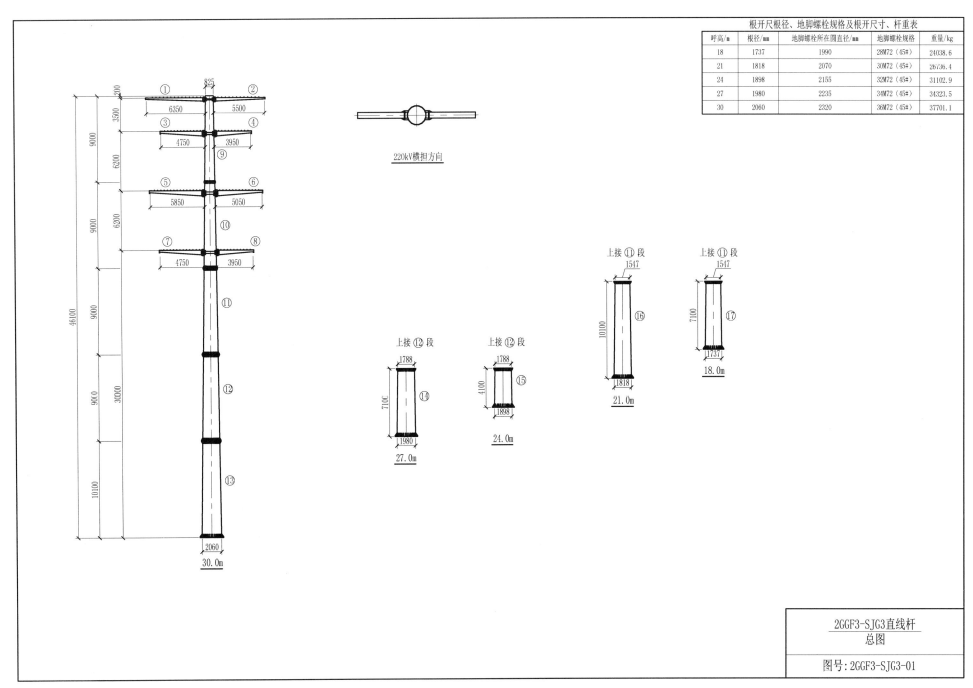

根开尺根径、地脚螺栓规格及根开尺寸、杆重表

呼高/m	根径/mm	地脚螺栓所在圆直径/mm	地脚螺栓规格	重量/kg
18	1737	1990	28M72（45#）	24038.6
21	1818	2070	30M72（45#）	26736.4
24	1898	2155	32M72（45#）	31102.9
27	1980	2235	34M72（45#）	34323.5
30	2060	2320	36M72（45#）	37701.1

220kV横担方向

上接⑫段

上接⑫段

上接⑪段

上接⑪段

2GGF3-SJG3直线杆
总图

图号：2GGF3-SJG3-01

119

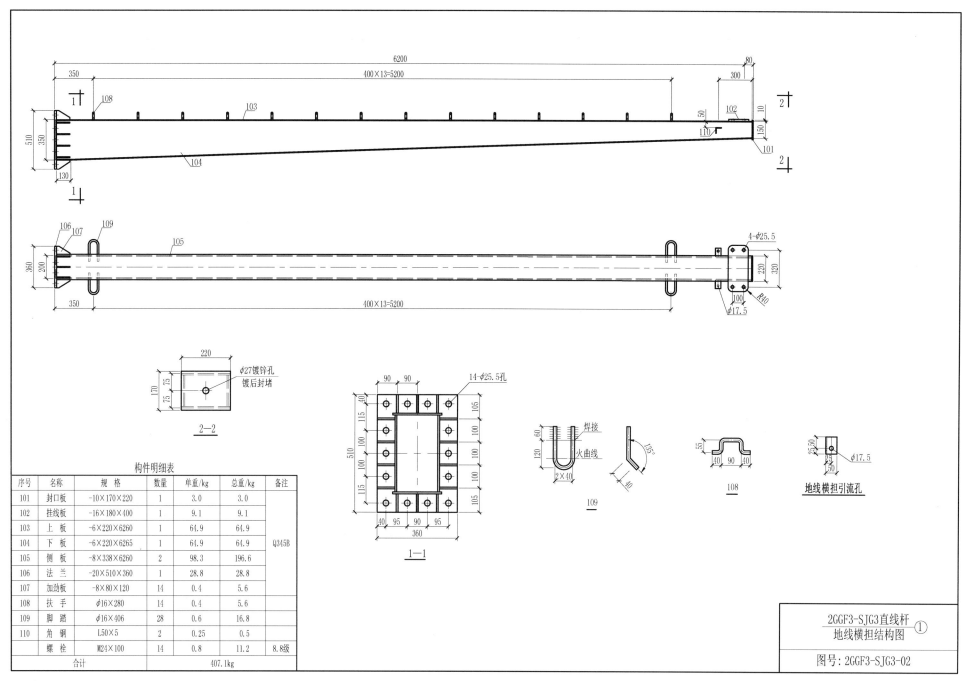

构件明细表

序号	名称	规格	数量	单重/kg	总重/kg	备注
101	封口板	-10×170×220	1	3.0	3.0	
102	挂线板	-16×180×400	1	9.1	9.1	
103	上 板	-6×220×6260	1	64.9	64.9	
104	下 板	-6×220×6265	1	64.9	64.9	Q345B
105	侧 板	-8×338×6260	2	98.3	196.6	
106	法 兰	-20×510×360	1	28.8	28.8	
107	加劲板	-8×80×120	14	0.4	5.6	
108	扶 手	φ16×280	14	0.4	5.6	
109	脚 踏	φ16×406	28	0.6	16.8	
110	角 钢	L50×5	2	0.25	0.5	
	螺 栓	M24×100	14	0.8	11.2	8.8级
	合计				407.1kg	

2GGF3-SJG3直线杆 ①
地线横担结构图

图号：2GGF3-SJG3-02

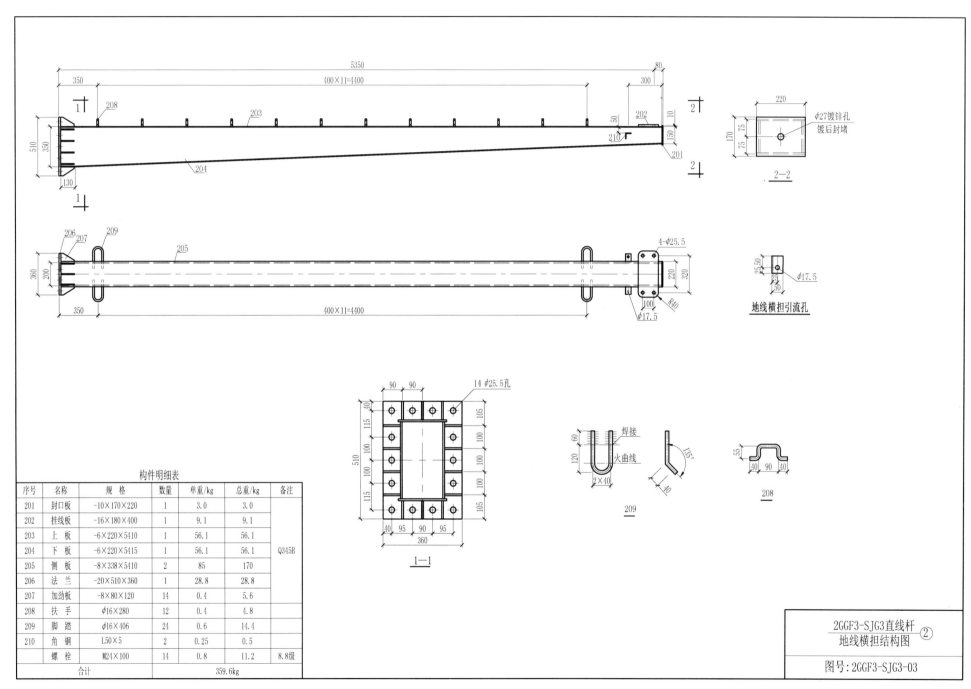

構件明細表

序号	名称	規 格	数量	单重/kg	总重/kg	备注
201	封口板	-10×170×220	1	3.0	3.0	
202	挂线板	-16×180×400	1	9.1	9.1	
203	上 板	-6×220×5410	1	56.1	56.1	
204	下 板	-6×220×5415	1	56.1	56.1	Q345B
205	侧 板	-8×338×5410	2	85	170	
206	法 兰	-20×510×360	1	28.8	28.8	
207	加劲板	-8×80×120	14	0.4	5.6	
208	扶 手	φ16×280	12	0.4	4.8	
209	脚 踏	φ16×406	24	0.6	14.4	
210	角 钢	L50×5	2	0.25	0.5	
	螺 栓	M24×100	14	0.8	11.2	8.8级
合计					359.6kg	

2GGF3-SJG3直线杆②
地线横担结构图

图号：2GGF3-SJG3-03

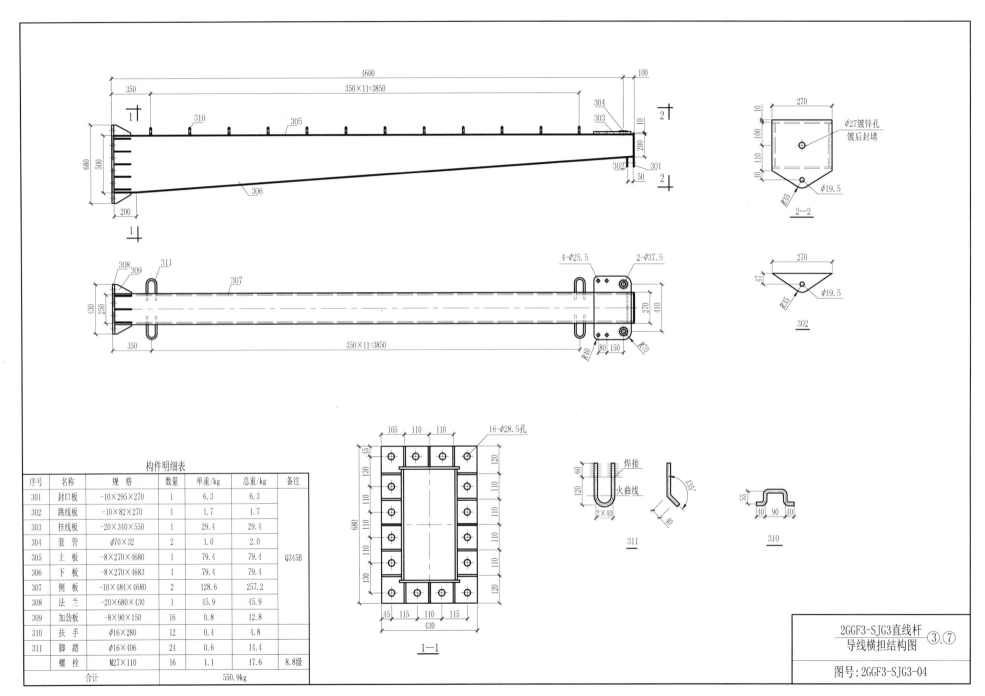

构件明细表

序号	名称	规格	数量	单重/kg	总重/kg	备注
301	封口板	-10×295×270	1	6.3	6.3	
302	跳线板	-10×82×270	1	1.7	1.7	
303	挂线板	-20×340×550	1	29.4	29.4	
304	套管	φ70×32	2	1.0	2.0	
305	上板	-8×270×4680	1	79.4	79.4	Q345B
306	下板	-8×270×4683	1	79.4	79.4	
307	侧板	-10×484×4680	2	128.6	257.2	
308	法兰	-20×680×430	1	45.9	45.9	
309	加劲板	-8×90×150	16	0.8	12.8	
310	扶手	φ16×280	12	0.4	4.8	
311	脚踏	φ16×406	24	0.6	14.4	
	螺栓	M27×110	16	1.1	17.6	8.8级
合计					550.9kg	

2GGF3-SJG3直线杆 ③、⑦
导线横担结构图

图号：2GGF3-SJG3-04

122

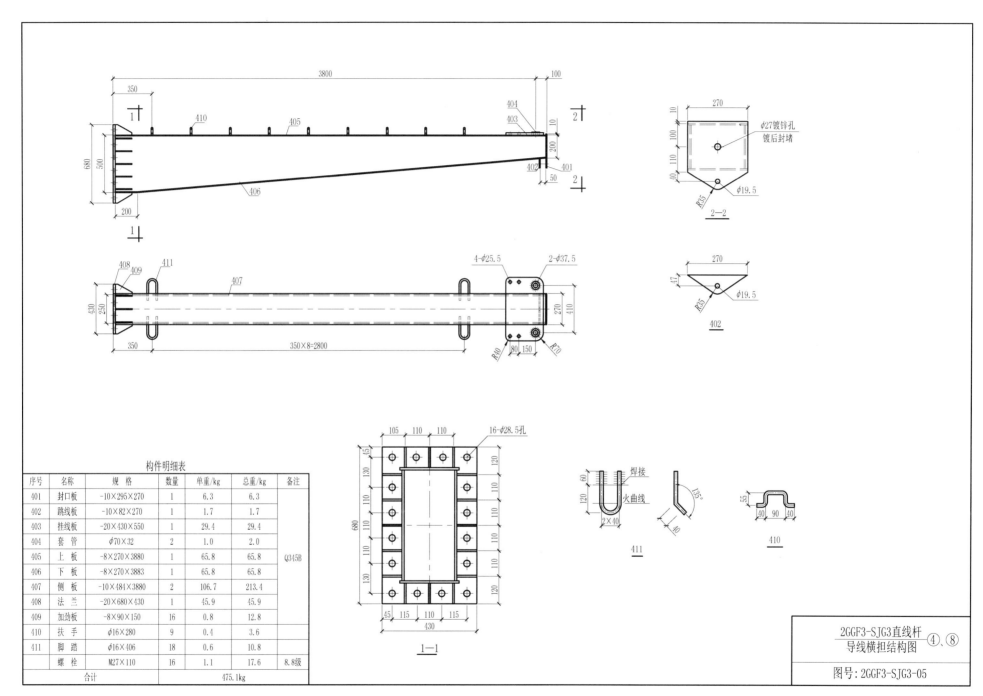

序号	名称	规格	数量	单重/kg	总重/kg	备注
401	封口板	-10×295×270	1	6.3	6.3	
402	跳线板	-10×82×270	1	1.7	1.7	
403	挂线板	-20×430×550	1	29.4	29.4	
404	套管	φ70×32	2	1.0	2.0	
405	上板	-8×270×3880	1	65.8	65.8	Q345B
406	下板	-8×270×3883	1	65.8	65.8	
407	侧板	-10×484×3880	2	106.7	213.4	
408	法兰	-20×680×430	1	45.9	45.9	
409	加劲板	-8×90×150	16	0.8	12.8	
410	扶手	φ16×280	9	0.4	3.6	
411	脚踏	φ16×406	18	0.6	10.8	
	螺栓	M27×110	16	1.1	17.6	8.8级
合计					475.1kg	

构件明细表

2GGF3-SJG3直线杆 ④、⑧
导线横担结构图

图号：2GGF3-SJG3-05

123

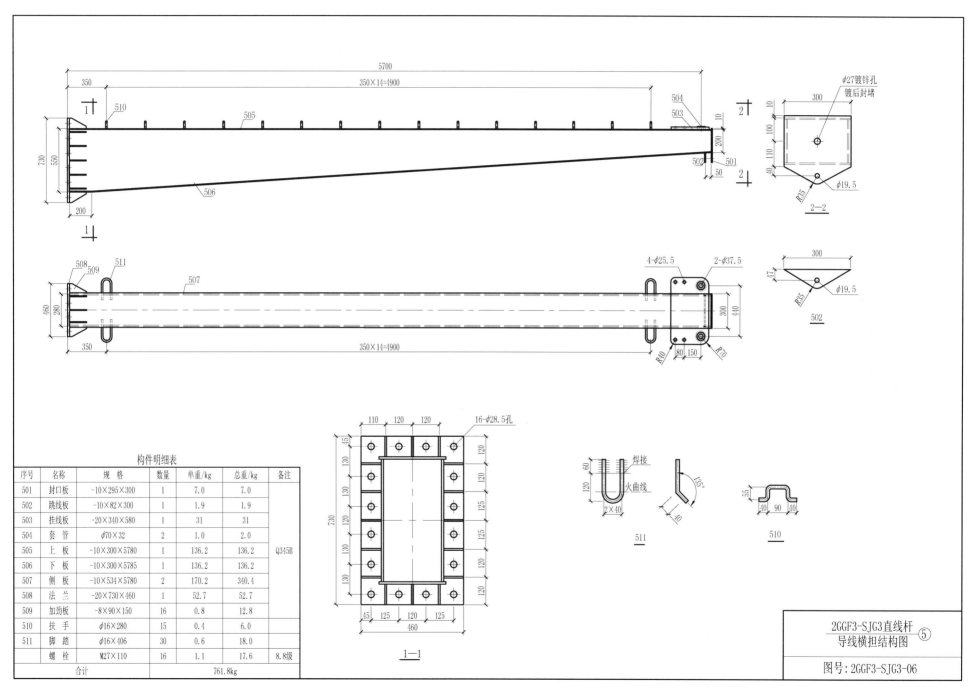

序号	名称	规格	数量	单重/kg	总重/kg	备注
				构件明细表		
501	封口板	—10×295×300	1	7.0	7.0	
502	跳线板	—10×82×300	1	1.9	1.9	
503	挂线板	—20×340×580	1	31	31	
504	套管	φ70×32	2	1.0	2.0	
505	上板	—10×300×5780	1	136.2	136.2	Q345B
506	下板	—10×300×5785	1	136.2	136.2	
507	侧板	—10×534×5780	2	170.2	340.4	
508	法兰	—20×730×460	1	52.7	52.7	
509	加劲板	—8×90×150	16	0.8	12.8	
510	扶手	φ16×280	15	0.4	6.0	
511	脚踏	φ16×406	30	0.6	18.0	
	螺栓	M27×110	16	1.1	17.6	8.8级
	合计				761.8kg	

2GGF3-SJG3直线杆
导线横担结构图 ⑤

图号：2GGF3-SJG3-06

124

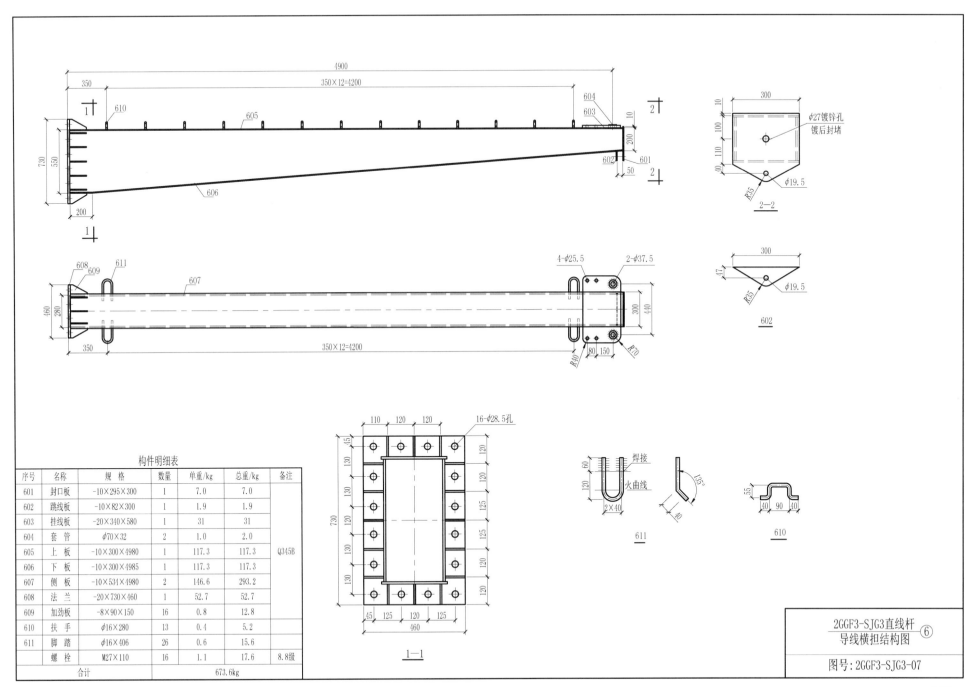

构件明细表

序号	名称	规 格	数量	单重/kg	总重/kg	备注
601	封口板	-10×295×300	1	7.0	7.0	
602	跳线板	-10×82×300	1	1.9	1.9	
603	挂线板	-20×340×580	1	31	31	
604	套 管	φ70×32	2	1.0	2.0	
605	上 板	-10×300×4980	1	117.3	117.3	Q345B
606	下 板	-10×300×4985	1	117.3	117.3	
607	侧 板	-10×534×4980	2	146.6	293.2	
608	法 兰	-20×730×460	1	52.7	52.7	
609	加劲板	-8×90×150	16	0.8	12.8	
610	扶 手	φ16×280	13	0.4	5.2	
611	脚 踏	φ16×406	26	0.6	15.6	
	螺 栓	M27×110	16	1.1	17.6	8.8级
	合计				673.6kg	

2GGF3-SJG3直线杆 ⑥
导线横担结构图

图号：2GGF3-SJG3-07

125

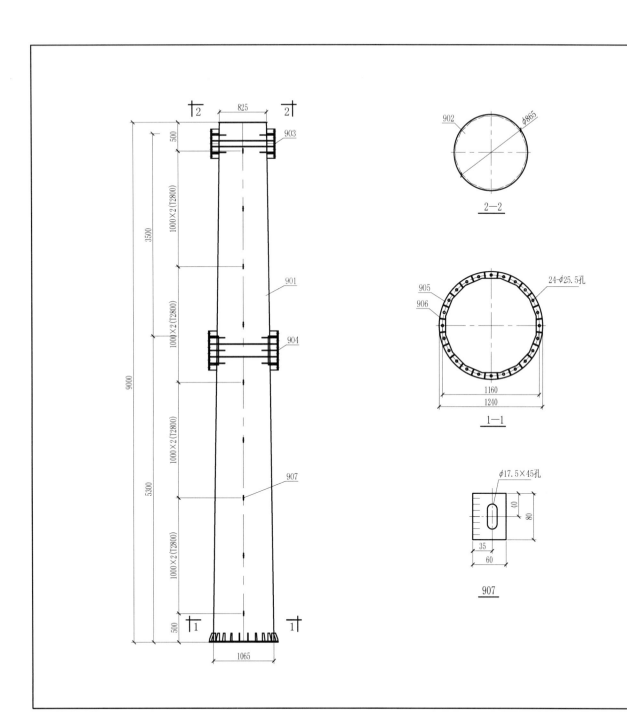

序号	规 格	数量	单重/kg	总重/kg	备注
901	(825/1065)×8×8986	1	1685.5	1685.5	Q420B
902	φ865×6	1	27.7	27.7	
903	地线横担法兰	1	158.4	158.4	标准件
904	导线横担法兰一	1	265	265	
905	φ1240×18	1	44.7	44.7	Q345B
906	-6×85×140	24	0.75	18.0	
907	-8×60×80	9	0.3	2.7	
908	M24×100	24	1.0	24	8.8级
合计				2226 kg	

2GGF3-SJG3直线杆 ⑨
身部结构图

图号：2GGF3-SJG3-08

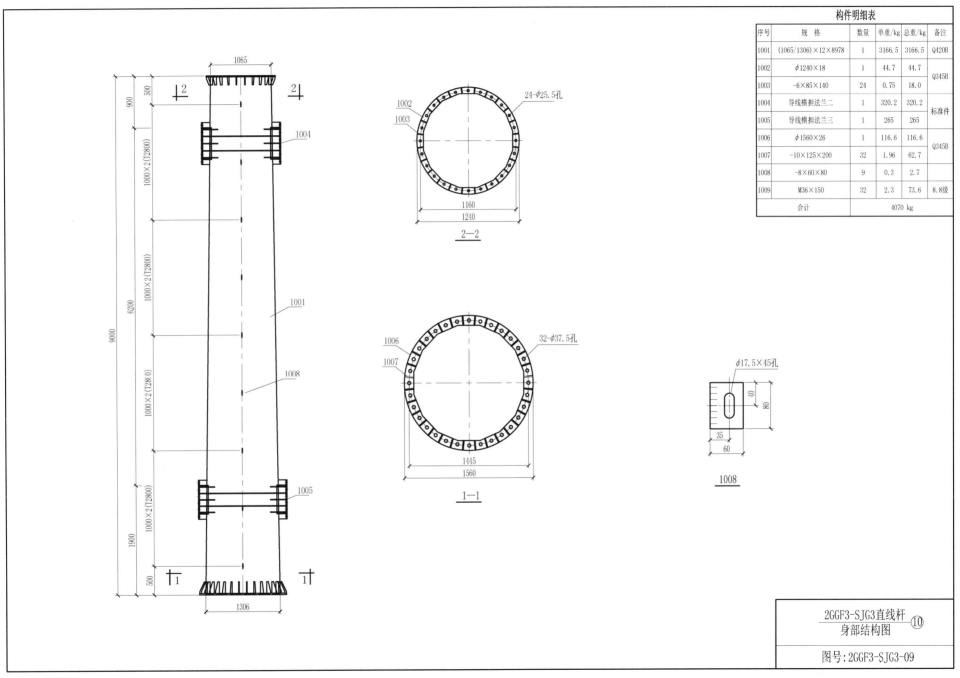

构件明细表					
序号	规　格	数量	单重/kg	总重/kg	备注
1001	(1065/1306)×12×8978	1	3166.5	3166.5	Q420B
1002	φ1240×18	1	44.7	44.7	Q345B
1003	-6×85×140	24	0.75	18.0	
1004	导线横担法兰二	1	320.2	320.2	标准件
1005	导线横担法兰三	1	265	265	
1006	φ1560×26	1	116.6	116.6	Q345B
1007	-10×125×200	32	1.96	62.7	
1008	-8×60×80	9	0.3	2.7	
1009	M36×150	32	2.3	73.6	8.8级
合计				4070 kg	

2GGF3-SJG3直线杆⑩
身部结构图

图号:2GGF3-SJG3-09

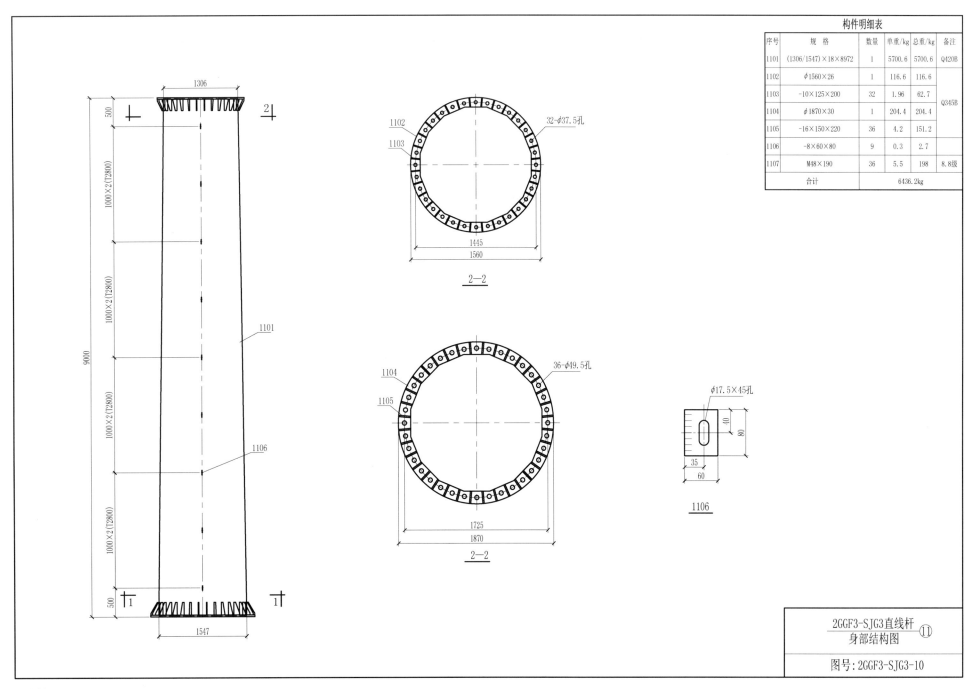

构件明细表					
序号	规 格	数量	单重/kg	总重/kg	备注
1101	(1306/1547)×18×8972	1	5700.6	5700.6	Q420B
1102	φ1560×26	1	116.6	116.6	
1103	-10×125×200	32	1.96	62.7	Q345B
1104	φ1870×30	1	204.4	204.4	
1105	-16×150×220	36	4.2	151.2	
1106	-8×60×80	9	0.3	2.7	
1107	M48×190	36	5.5	198	8.8级
合计				6436.2kg	

2-2

2-2

1106

2GGF3-SJG3直线杆
身部结构图 ⑪

图号：2GGF3-SJG3-10

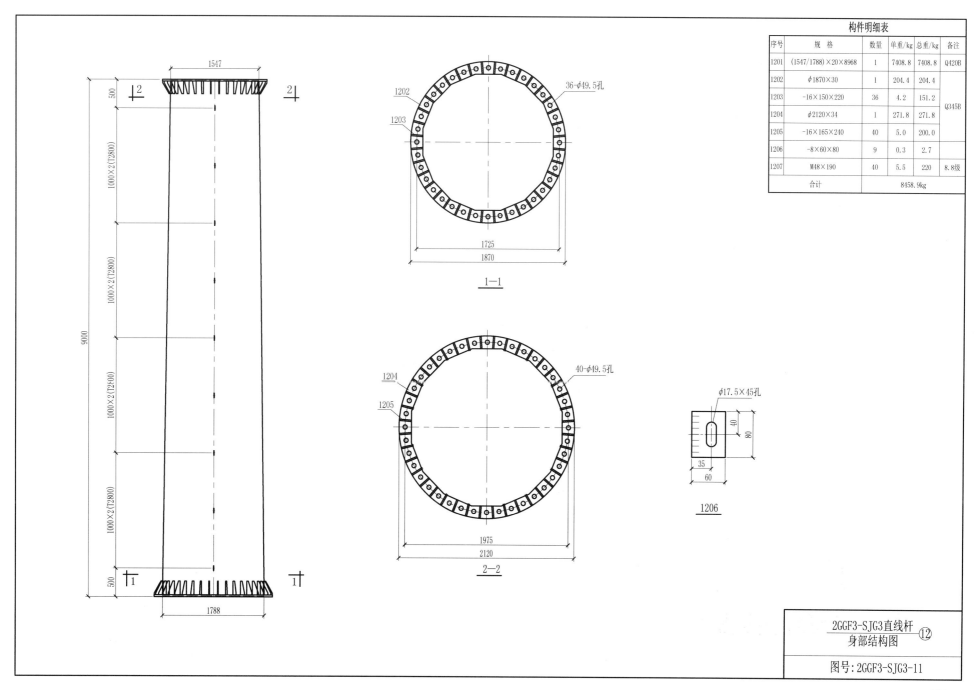

构件明细表

序号	规 格	数量	单重/kg	总重/kg	备注
1201	(1547/1788)×20×8968	1	7408.8	7408.8	Q420B
1202	φ1870×30	1	204.4	204.4	Q345B
1203	-16×150×220	36	4.2	151.2	
1204	φ2120×34	1	271.8	271.8	
1205	-16×165×240	40	5.0	200.0	
1206	-8×60×80	9	0.3	2.7	
1207	M48×190	40	5.5	220	8.8级
合计				8458.9kg	

2GGF3-SJG3直线杆⑫
身部结构图

图号：2GGF3-SJG3-11

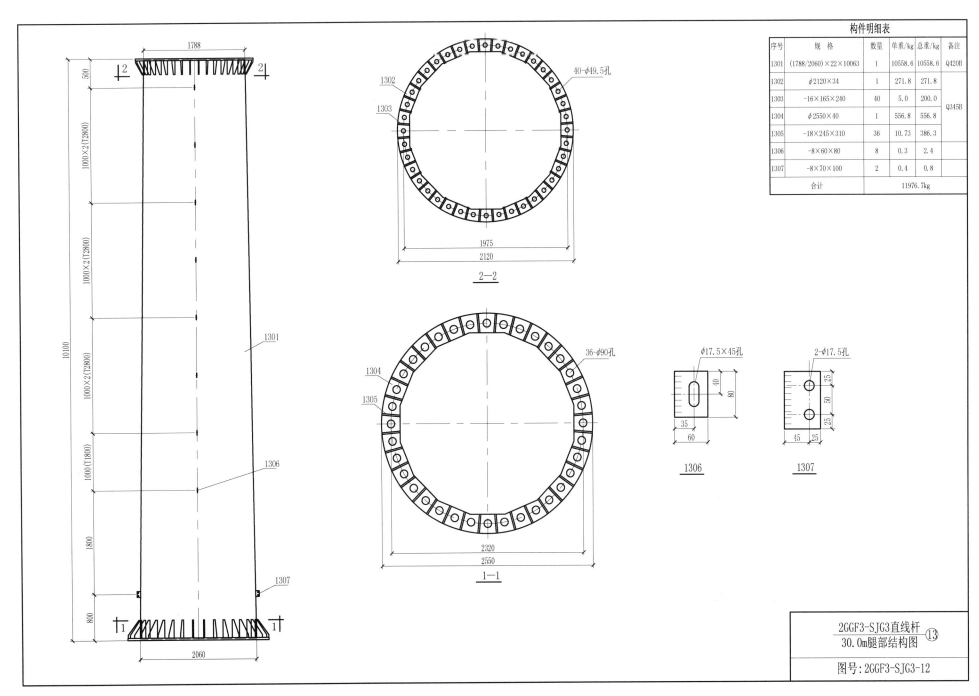

构件明细表					
序号	规　格	数量	单重/kg	总重/kg	备注
1301	(1788/2060)×22×10063	1	10558.6	10558.6	Q420B
1302	φ2120×34	1	271.8	271.8	Q345B
1303	−16×165×240	40	5.0	200.0	
1304	φ2550×40	1	556.8	556.8	
1305	−18×245×310	36	10.73	386.3	
1306	−8×60×80	8	0.3	2.4	
1307	−8×70×100	2	0.4	0.8	
合计				11976.7kg	

2—2

40-φ49.5孔

1—1

36-φ90孔

φ17.5×45孔

1306

2-φ17.5孔

1307

2GGF3-SJG3直线杆
30.0m腿部结构图 ⑬

图号：2GGF3-SJG3-12

130

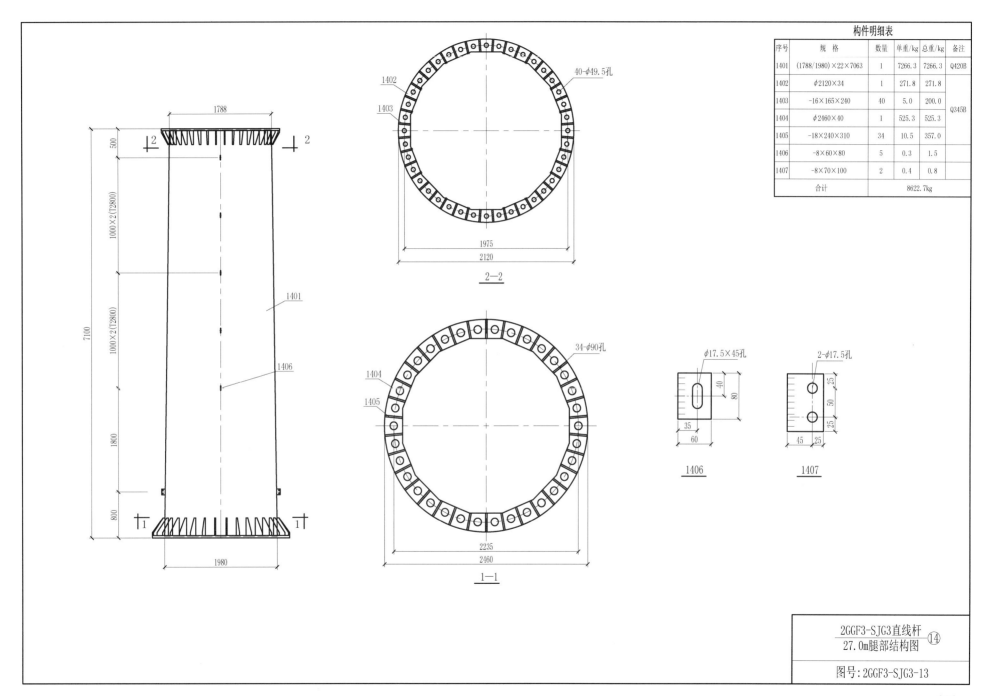

构件明细表					
序号	规 格	数量	单重/kg	总重/kg	备注
1401	(1788/1980)×22×7063	1	7266.3	7266.3	Q420B
1402	φ2120×34	1	271.8	271.8	
1403	-16×165×240	40	5.0	200.0	Q345B
1404	φ2460×40	1	525.3	525.3	
1405	-18×240×310	34	10.5	357.0	
1406	-8×60×80	5	0.3	1.5	
1407	-8×70×100	2	0.4	0.8	
合计				8622.7kg	

40-φ49.5孔

1402

1403

1975

2120

2—2

34-φ90孔

1404

1405

2235

2460

1—1

1788

500

1000×2(T2800)

1000×2(T2800)

7100

1401

1406

1800

800

1980

φ17.5×45孔

40

80

35

60

1406

2-φ17.5孔

25

50

25

45 25

1407

2GGF3-SJG3直线杆 ⑭
27.0m腿部结构图

图号：2GGF3-SJG3-13

131

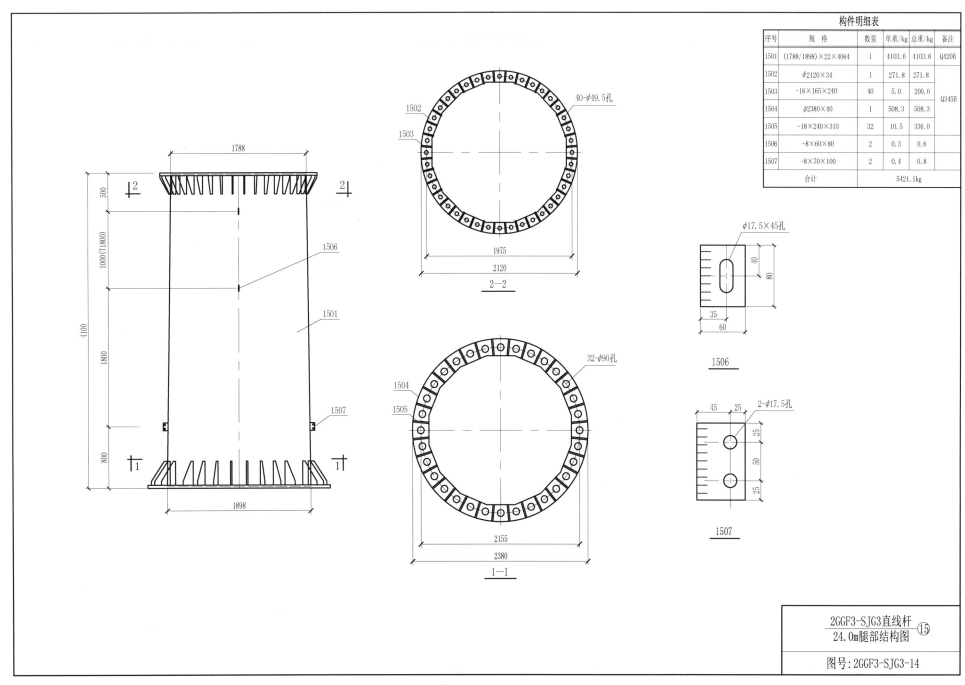

構件明細表

序号	規 格	数量	单重/kg	总重/kg	备注
1501	(1788/1898)×22×4064	1	4103.6	4103.6	Q420B
1502	φ2120×34	1	271.8	271.8	
1503	-16×165×240	40	5.0	200.0	Q345B
1504	φ2380×40	1	508.3	508.3	
1505	-18×240×310	32	10.5	336.0	
1506	-8×60×80	2	0.3	0.6	
1507	-8×70×100	2	0.4	0.8	
合计				5421.1kg	

40-φ49.5孔

2-2

32-φ90孔

1-1

φ17.5×45孔

1506

2-φ17.5孔

1507

2GGF3-SJG3直线杆 ⑮
24.0m腿部结构图

图号:2GGF3-SJG3-14

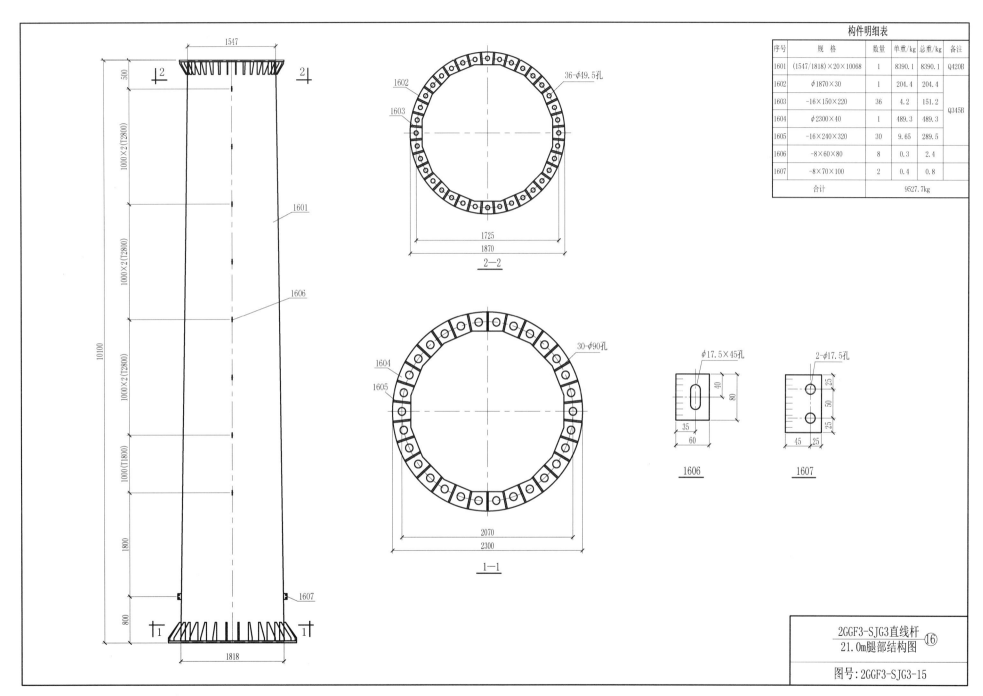

构件明细表

序号	规格	数量	单重/kg	总重/kg	备注
1601	(1547/1818)×20×10068	1	8390.1	8390.1	Q420B
1602	φ1870×30	1	204.4	204.4	
1603	-16×150×220	36	4.2	151.2	Q345B
1604	φ2300×40	1	489.3	489.3	
1605	-16×240×320	30	9.65	289.5	
1606	-8×60×80	8	0.3	2.4	
1607	-8×70×100	2	0.4	0.8	
合计				9527.7kg	

2—2

1—1

1606

1607

2GGF3-SJG3直线杆
21.0m腿部结构图 ⑯

图号：2GGF3-SJG3-15

133

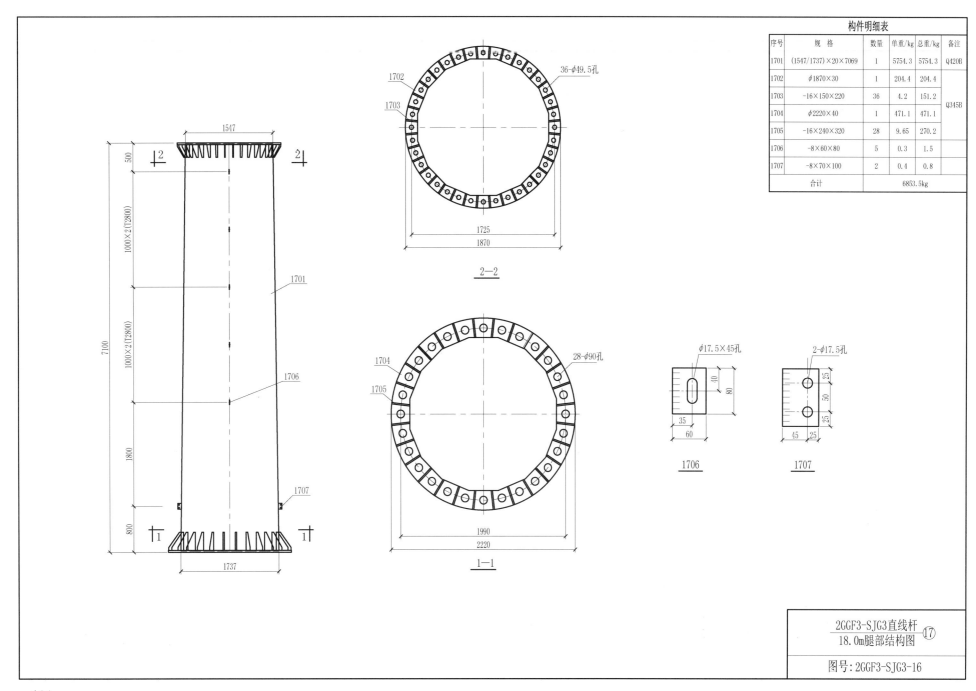

构件明细表

序号	规 格	数量	单重/kg	总重/kg	备注
1701	(1547/1737)×20×7069	1	5754.3	5754.3	Q420B
1702	φ1870×30	1	204.4	204.4	
1703	-16×150×220	36	4.2	151.2	Q345B
1704	φ2220×40	1	471.1	471.1	
1705	-16×240×320	28	9.65	270.2	
1706	-8×60×80	5	0.3	1.5	
1707	-8×70×100	2	0.4	0.8	
合计				6853.5kg	

36-φ49.5孔

1702

1703

2—2

28-φ90孔

1704

1705

1—1

φ17.5×45孔

1706

2-φ17.5孔

1707

1701

1706

1707

2GGF3-SJG3直线杆 ⑰
18.0m腿部结构图

图号：2GGF3-SJG3-16

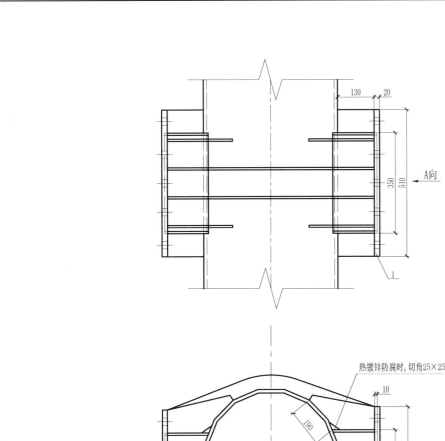

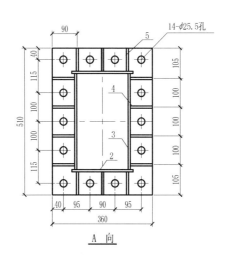

A 向

14-φ25.5孔

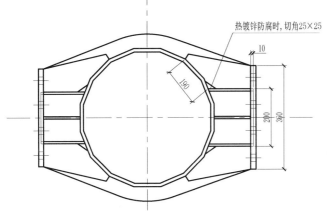

热镀锌防腐时,切角25×25

构件明细表

序号	规　格	数量	单重/kg	总重/kg	备注
1	-20×360×510	2	28.8	57.6	
2	-8×220	4	2.1	8.4	
3	-8×284	4	3.0	12.0	158.4
4	-8	8	3.6	28.8	
5	-8	12	0.7	8.4	
6	-8	4	10.8	43.2	

说明:
序号2、3、4、5尺寸以实际放样为准。

2GGF3-SJG3直线杆
地线横担①、② 连接法兰

图号: 2GGF3-SJG3-17

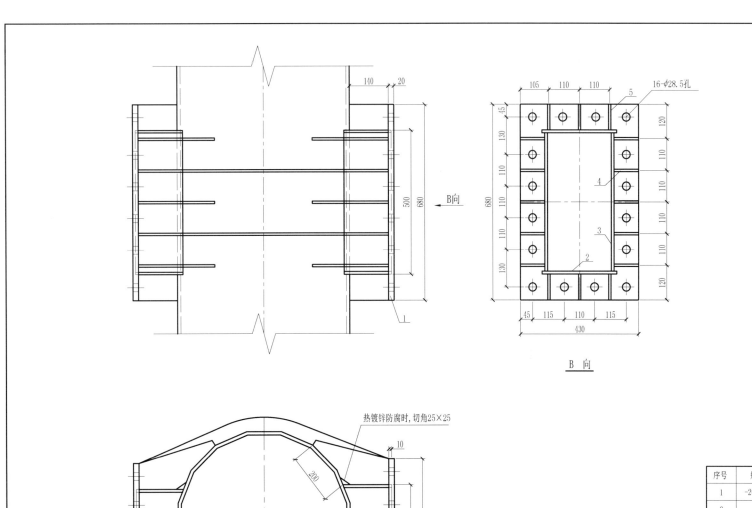

16-φ28.5孔

B向

B 向

热镀锌防腐时，切角25×25

说明：
序号2、3、4、5尺寸以实际放样为准。

构件明细表

序号	规格	数量	单重/kg	总重/kg	备注
1	−20×430×680	2	45.9	91.8	
2	−10×270	4	3.6	14.4	
3	−10×480	4	6.4	25.6	265kg
4	−8	12	5.1	61.2	
5	−8	12	1.0	12.0	
6	−8	4	15	60	

2GGF3-SJG3直线杆
导线横担③、④、⑦、⑧连接法兰

图号：2GGF3-SJG3-18

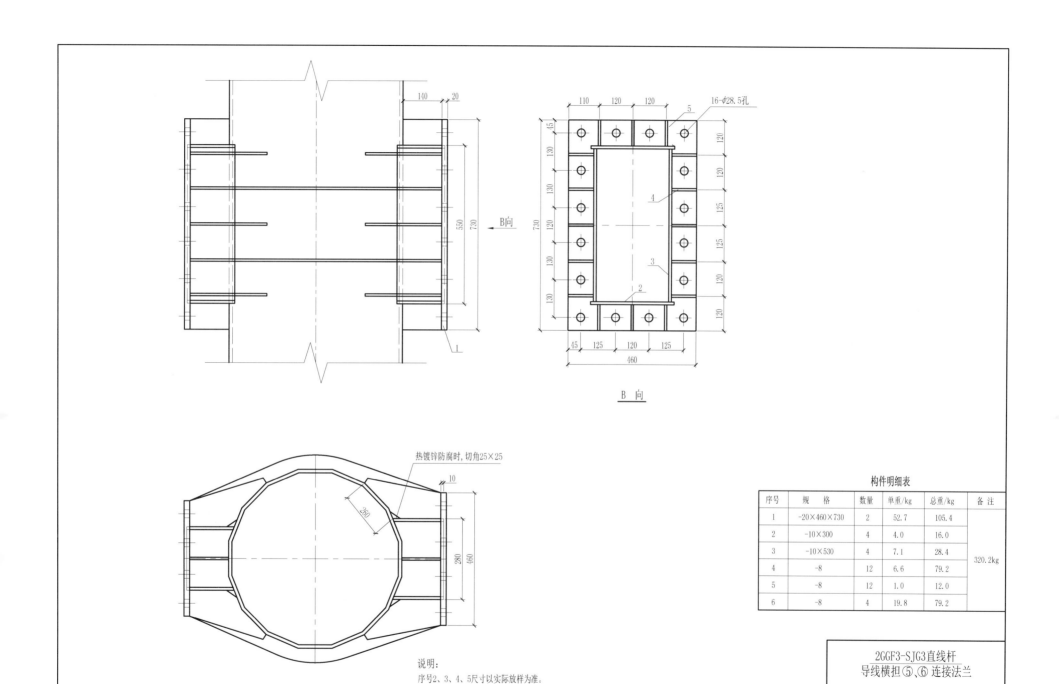

B 向

16-φ28.5孔

热镀锌防腐时，切角25×25

说明：
序号2、3、4、5尺寸以实际放样为准。

构件明细表

序号	规　格	数量	单重/kg	总重/kg	备　注
1	-20×460×730	2	52.7	105.4	
2	-10×300	4	4.0	16.0	
3	-10×530	4	7.1	28.4	320.2kg
4	-8	12	6.6	79.2	
5	-8	12	1.0	12.0	
6	-8	4	19.8	79.2	

2GGF3-SJG3直线杆
导线横担⑤、⑥连接法兰

图号：2GGF3-SJG3-19

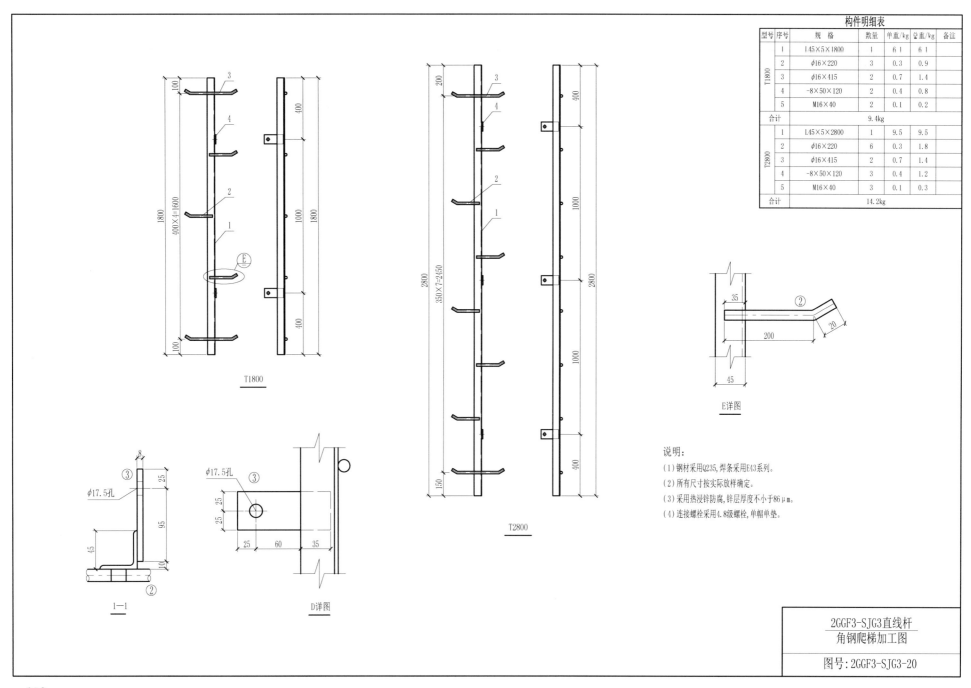

构件明细表

型号	序号	规格	数量	单重/kg	总重/kg	备注
T1800	1	L45×5×1800	1	6.1	6.1	
	2	φ16×220	3	0.3	0.9	
	3	φ16×415	2	0.7	1.4	
	4	-8×50×120	2	0.4	0.8	
	5	M16×40	2	0.1	0.2	
合计				9.4kg		
T2800	1	L45×5×2800	1	9.5	9.5	
	2	φ16×220	6	0.3	1.8	
	3	φ16×415	2	0.7	1.4	
	4	-8×50×120	3	0.4	1.2	
	5	M16×40	3	0.1	0.3	
合计				14.2kg		

T1800

T2800

E详图

说明:
(1) 钢材采用Q235,焊条采用E43系列。
(2) 所有尺寸按实际放样确定。
(3) 采用热浸锌防腐,锌层厚度不小于86μm。
(4) 连接螺栓采用4.8级螺栓,单帽单垫。

1—1

D详图

2GGF3-SJG3直线杆
角钢爬梯加工图

图号:2GGF3-SJG3-20

第15章

2GGF3-SJG4 钢管杆加工图

2GGF3-SJG4图 纸 目 录

序号	图 号	图 名		张数	备 注
1	2GGF3-SJG4-01	2GGF3-SJG4直线杆总图		1	
2	2GGF3-SJG4-02	2GGF3-SJG4直线杆地线横担结构图	①	1	
3	2GGF3-SJG4-03	2GGF3-SJG4直线杆地线横担结构图	②	1	
4	2GGF3-SJG4-04	2GGF3-SJG4直线杆导线横担结构图	③	1	
5	2GGF3-SJG4-05	2GGF3-SJG4直线杆导线横担结构图	④	1	
6	2GGF3-SJG4-06	2GGF3-SJG4直线杆导线横担结构图	⑤	1	
7	2GGF3-SJG4-07	2GGF3-SJG4直线杆导线横担结构图	⑥	1	
8	2GGF3-SJG4-08	2GGF3-SJG4直线杆身部结构图	⑦	1	
9	2GGF3-SJG4-09	2GGF3-SJG4直线杆身部结构图	⑧	1	
10	2GGF3-SJG4-10	2GGF3-SJG4直线杆身部结构图	⑨	1	
11	2GGF3-SJG4-11	2GGF3-SJG4直线杆身部结构图	⑩	1	
12	2GGF3-SJG4-12	2GGF3-SJG4直线杆30.0m腿部结构图	⑪	1	
13	2GGF3-SJG4-13	2GGF3-SJG4直线杆27.0m腿部结构图	⑫	1	
14	2GGF3-SJG4-14	2GGF3-SJG4直线杆24.0m腿部结构图	⑬	1	
15	2GGF3-SJG4-15	2GGF3-SJG4直线杆21.0m腿部结构图	⑭	1	
16	2GGF3-SJG4-16	2GGF3-SJG4直线杆18.0m腿部结构图	⑮	1	
17	2GGF3-SJG4-17	2GGF3-SJG4直线杆地线横担①、②连接法兰		1	
18	2GGF3-SJG4-18	2GGF3-SJG4直线杆导线横担③、④连接法兰		1	
19	2GGF3-SJG4-19	2GGF3-SJG4直线杆导线横担⑤、⑥连接法兰		1	
20	2GGF3-SJG4-20	2GGF3-SJG4直线杆角钢爬梯加工图		1	

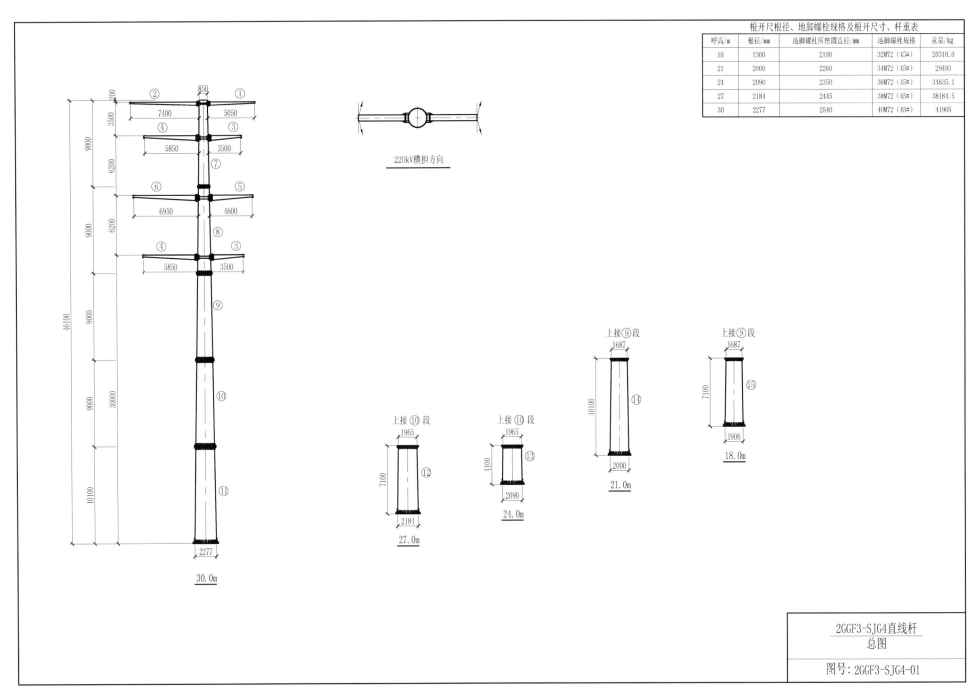

根开尺根径、地脚螺栓规格及根开尺寸、杆重表

呼高/m	根径/mm	地脚螺柱所在圆直径/mm	地脚螺柱规格	重量/kg
10	1900	2100	32M72（45#）	20518.0
21	2000	2260	34M72（45#）	29493
24	2090	2350	36M72（45#）	34635.1
27	2184	2445	38M72（45#）	38184.5
30	2277	2540	40M72（45#）	41905

220kV横担方向

上接⑨段

上接⑩段

上接⑨段

上接⑩段

30.0m

27.0m

24.0m

21.0m

18.0m

2GGF3-SJG4直线杆
总图

图号：2GGF3-SJG4-01

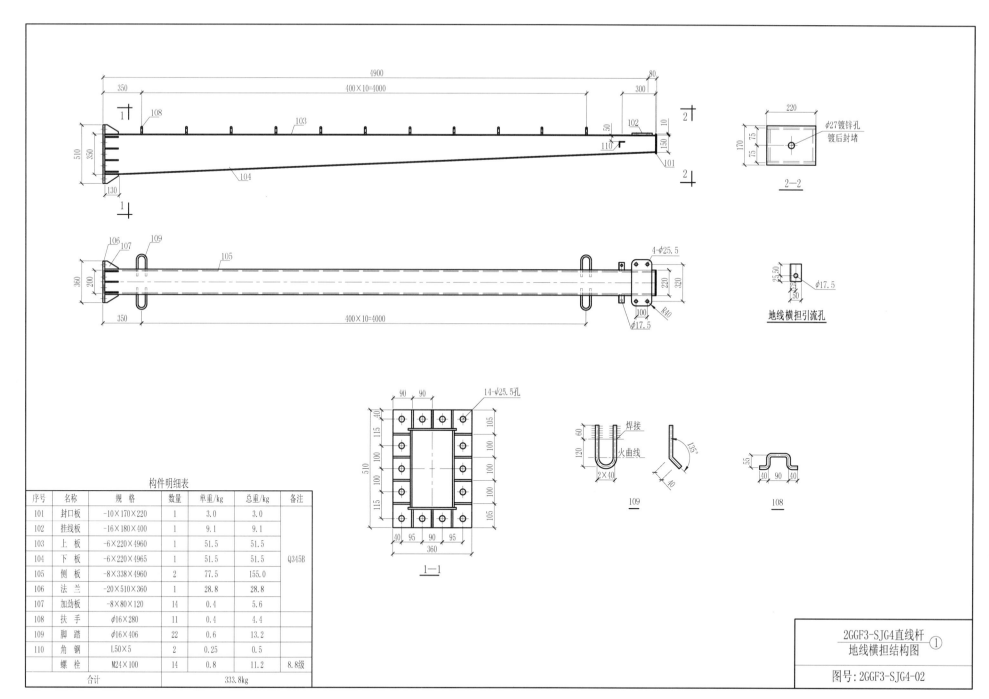

构件明细表

序号	名 称	规 格	数量	单重/kg	总重/kg	备注
101	封口板	-10×170×220	1	3.0	3.0	
102	挂线板	-16×180×400	1	9.1	9.1	
103	上 板	-6×220×4960	1	51.5	51.5	
104	下 板	-6×220×4965	1	51.5	51.5	Q345B
105	侧 板	-8×338×4960	2	77.5	155.0	
106	法 兰	-20×510×360	1	28.8	28.8	
107	加劲板	-8×80×120	14	0.4	5.6	
108	扶 手	φ16×280	11	0.4	4.4	
109	脚 踏	φ16×406	22	0.6	13.2	
110	角 钢	L50×5	2	0.25	0.5	
	螺 栓	M24×100	14	0.8	11.2	8.8级
合计					333.8kg	

2GGF3-SJG4直线杆 ①
地线横担结构图

图号：2GGF3-SJG4-02

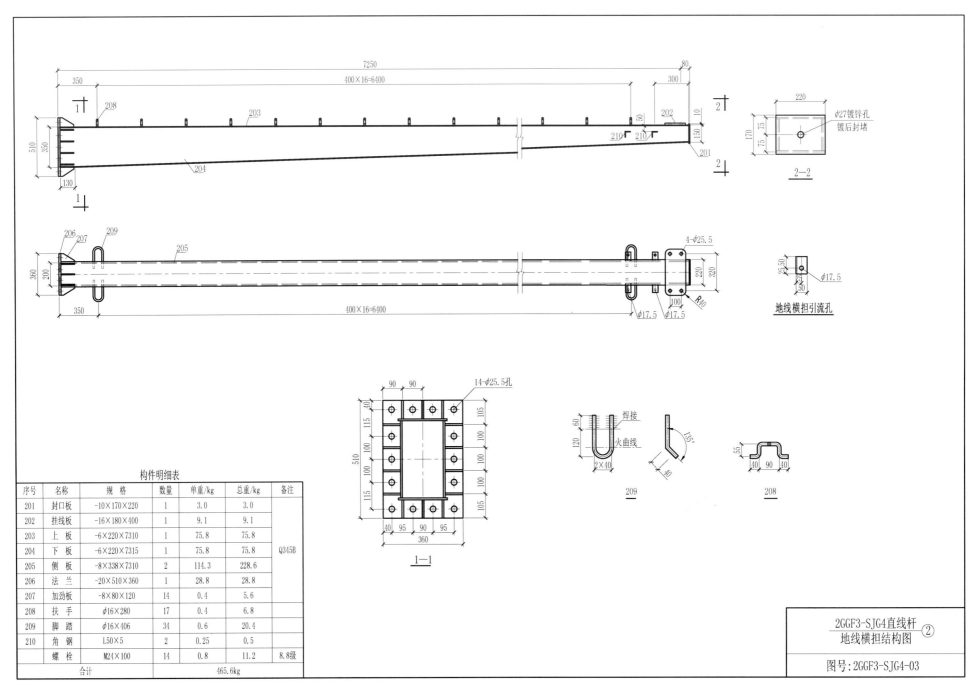

序号	名称	规格	数量	单重/kg	总重/kg	备注
201	封口板	-10×170×220	1	3.0	3.0	
202	挂线板	-16×180×400	1	9.1	9.1	
203	上板	-6×220×7310	1	75.8	75.8	
204	下板	-6×220×7315	1	75.8	75.8	Q345B
205	侧板	-8×338×7310	2	114.3	228.6	
206	法兰	-20×510×360	1	28.8	28.8	
207	加劲板	-8×80×120	14	0.4	5.6	
208	扶手	φ16×280	17	0.4	6.8	
209	脚踏	φ16×406	34	0.6	20.4	
210	角钢	L50×5	2	0.25	0.5	
	螺栓	M24×100	14	0.8	11.2	8.8级
	合计				465.6kg	

构件明细表

2GGF3-SJG4直线杆 ②
地线横担结构图

图号：2GGF3-SJG4-03

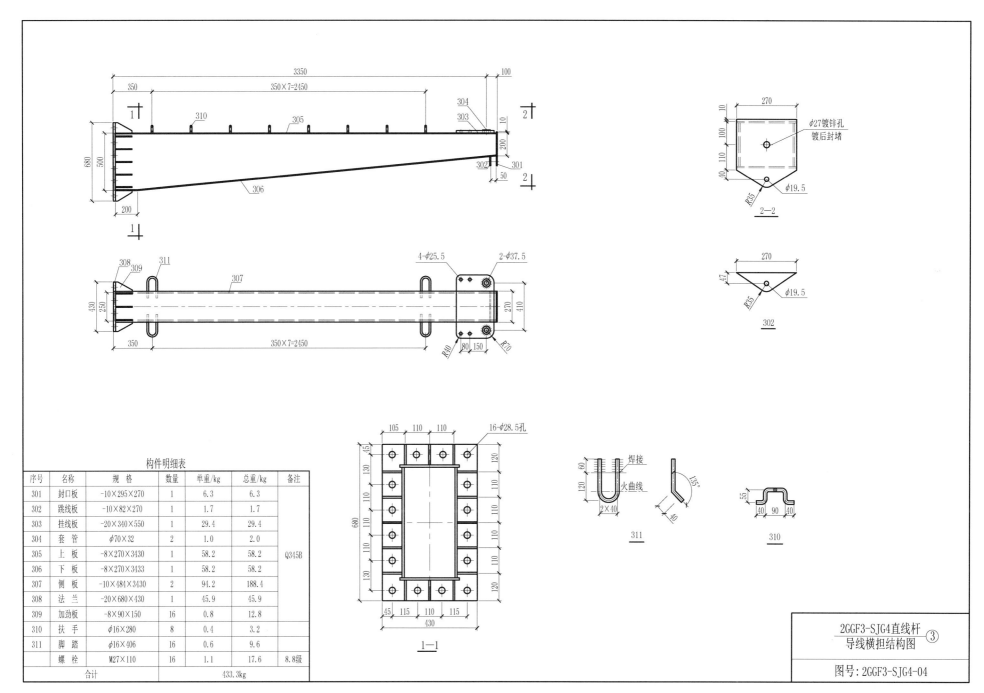

构件明细表

序号	名称	规格	数量	单重/kg	总重/kg	备注
301	封口板	-10×295×270	1	6.3	6.3	
302	跳线板	-10×82×270	1	1.7	1.7	
303	挂线板	-20×340×550	1	29.4	29.4	
304	套管	φ70×32	2	1.0	2.0	Q345B
305	上板	-8×270×3430	1	58.2	58.2	
306	下板	-8×270×3433	1	58.2	58.2	
307	侧板	-10×484×3430	2	94.2	188.4	
308	法兰	-20×680×430	1	45.9	45.9	
309	加劲板	-8×90×150	16	0.8	12.8	
310	扶手	φ16×280	8	0.4	3.2	
311	脚踏	φ16×406	16	0.6	9.6	
	螺栓	M27×110	16	1.1	17.6	8.8级
合计					433.3kg	

2GGF3-SJG4直线杆
导线横担结构图 ③

图号：2GGF3-SJG4-04

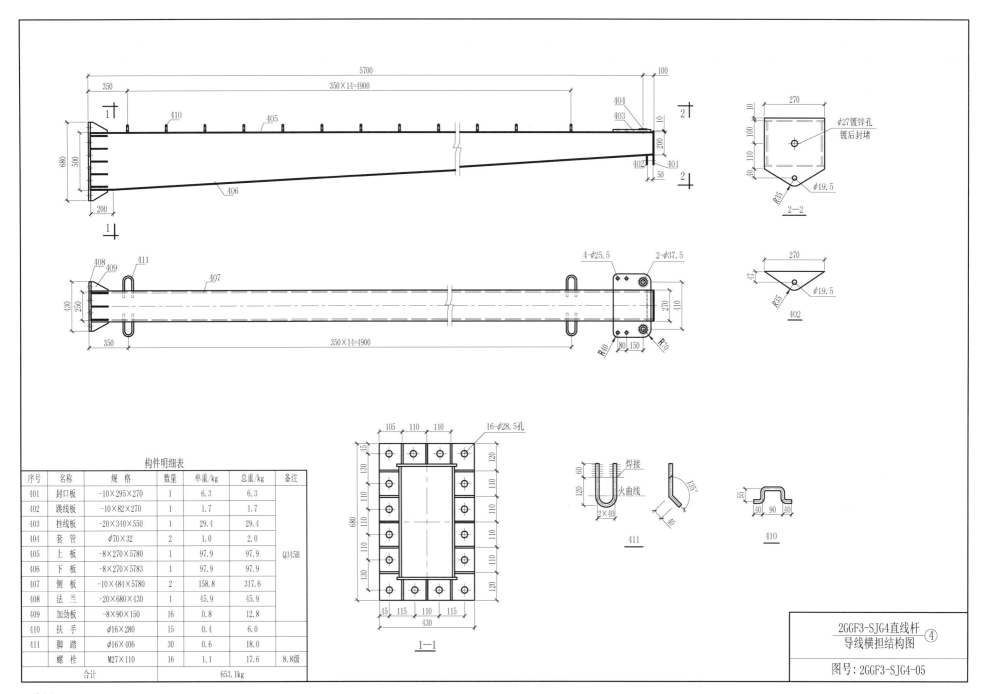

序号	名称	规格	数量	单重/kg	总重/kg	备注
401	封口板	-10×295×270	1	6.3	6.3	
402	跳线板	-10×82×270	1	1.7	1.7	
403	挂线板	-20×340×550	1	29.4	29.4	
404	套 管	φ70×32	2	1.0	2.0	
405	上 板	-8×270×5780	1	97.9	97.9	Q345B
406	下 板	-8×270×5783	1	97.9	97.9	
407	侧 板	-10×484×5780	2	158.8	317.6	
408	法 兰	-20×680×430	1	45.9	45.9	
409	加劲板	-8×90×150	16	0.8	12.8	
410	扶 手	φ16×280	15	0.4	6.0	
411	脚 踏	φ16×406	30	0.6	18.0	
	螺 栓	M27×110	16	1.1	17.6	8.8级
	合计				653.1kg	

构件明细表

2GGF3-SJG4直线杆
导线横担结构图 ④

图号：2GGF3-SJG4-05

144

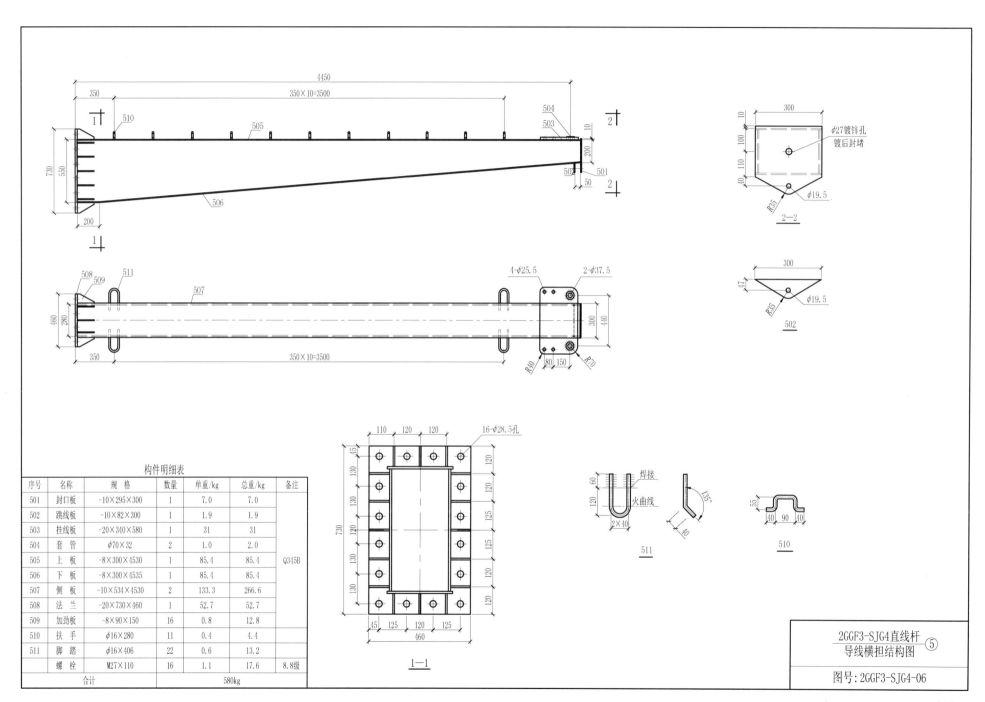

构件明细表

序号	名称	规格	数量	单重/kg	总重/kg	备注
501	封口板	-10×295×300	1	7.0	7.0	
502	跳线板	-10×82×300	1	1.9	1.9	
503	挂线板	-20×340×580	1	31	31	
504	套管	φ70×32	2	1.0	2.0	
505	上板	-8×300×4530	1	85.4	85.4	Q345B
506	下板	-8×300×4535	1	85.4	85.4	
507	侧板	-10×534×4530	2	133.3	266.6	
508	法兰	-20×730×460	1	52.7	52.7	
509	加劲板	-8×90×150	16	0.8	12.8	
510	扶手	φ16×280	11	0.4	4.4	
511	脚踏	φ16×406	22	0.6	13.2	
	螺栓	M27×110	16	1.1	17.6	8.8级
合计					580kg	

2GGF3-SJG4直线杆 ⑤
导线横担结构图

图号：2GGF3-SJG4-06

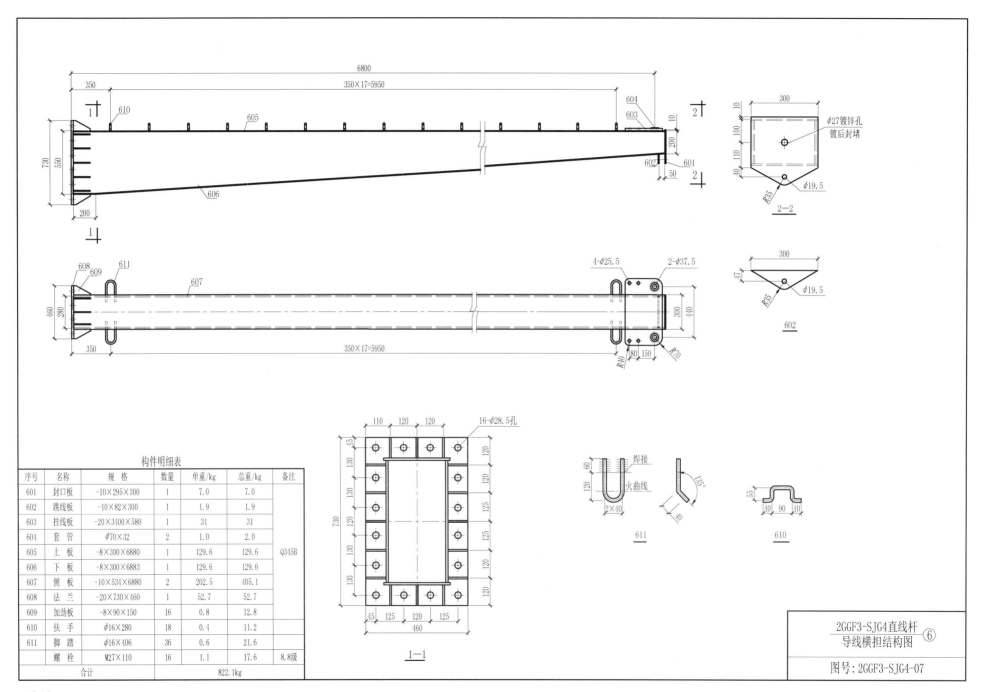

序号	名称	规格	数量	单重/kg	总重/kg	备注
601	封口板	-10×295×300	1	7.0	7.0	
602	跳线板	-10×82×300	1	1.9	1.9	
603	挂线板	-20×3400×580	1	31	31	
604	套管	φ70×32	2	1.0	2.0	
605	上板	-8×300×6880	1	129.6	129.6	Q345B
606	下板	-8×300×6883	1	129.6	129.6	
607	侧板	-10×534×6880	2	202.5	405.1	
608	法兰	-20×730×460	1	52.7	52.7	
609	加劲板	-8×90×150	16	0.8	12.8	
610	扶手	φ16×280	18	0.4	11.2	
611	脚踏	φ16×406	36	0.6	21.6	
	螺栓	M27×110	16	1.1	17.6	8.8级
	合计				822.1kg	

构件明细表

1—1

611

610

2GGF3-SJG4直线杆
导线横担结构图 ⑥

图号：2GGF3-SJG4-07

146

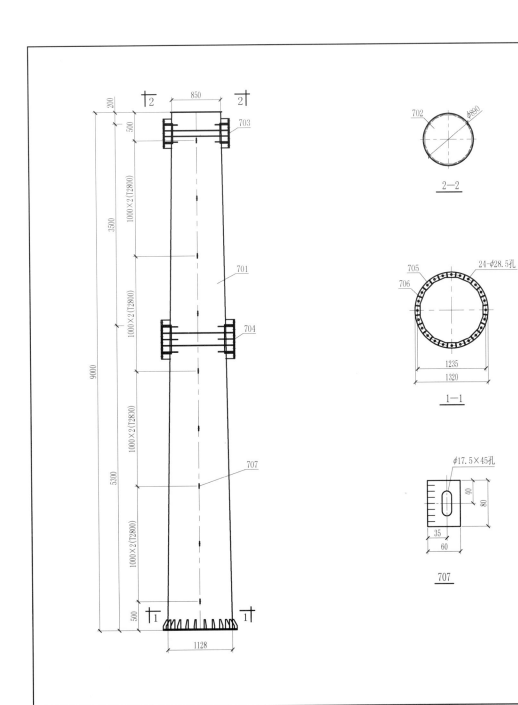

构件明细表

序号	规 格	数量	单重/kg	总重/kg	备注
701	(850/1128)×8×8985	1	1761.7	1761.7	Q420B
702	φ890×6	1	30.6	30.6	
703	地线横担一法兰	1	158.4	158.4	标准件
704	导线横担二法兰	1	265	265	
705	φ1320×20	1	57.9	57.9	Q345B
706	-6×90×160	24	0.66	15.8	
707	-8×60×80	9	0.3	2.7	
707	M27×120	24	1.07	25.7	8.8级
合计				2317.8kg	

702

φ890

2—2

705

706

24-φ28.5孔

1235
1320

1—1

φ17.5×45孔

40
80
35
60

707

2GGF3-SJG4直线杆 ⑦
身部结构图

图号：2GGF3-SJG4-08

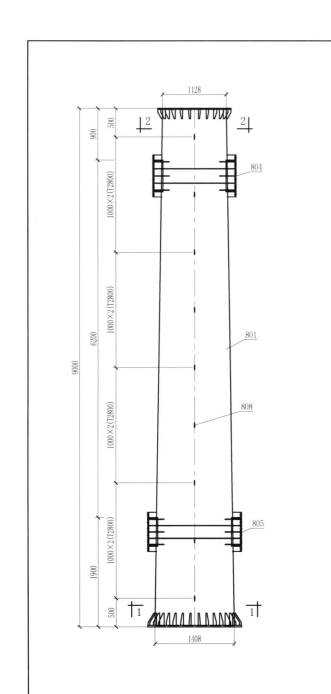

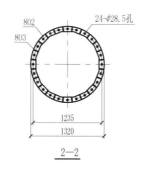

802
803
24-φ28.5孔

1235
1320

2—2

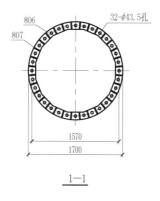

806
807
32-φ43.5孔

1570
1700

1—1

φ17.5×45孔
40
80
35
60

808

构件明细表					
序号	规　格	数量	单重/kg	总重/kg	备注
801	(1128/1408)×14×8976	1	3937.0	3937.0	Q420B
802	φ1320×20	1	57.9	57.9	Q345B
803	-6×90×160	24	0.66	15.8	
804	导线横担三法兰	1	320.2	320.2	标准件
805	导线横担二法兰	1	265	265	
806	φ1700×28	1	156.6	156.6	Q345B
807	-12×145×210	32	2.87	91.8	
808	-8×60×80	9	0.3	2.7	
809	M42×170	32	3.6	115.2	8.8级
合计				4962.2kg	

2GGF3-SJG4直线杆 ⑧
身部结构图

图号：2GGF3-SJG4-09

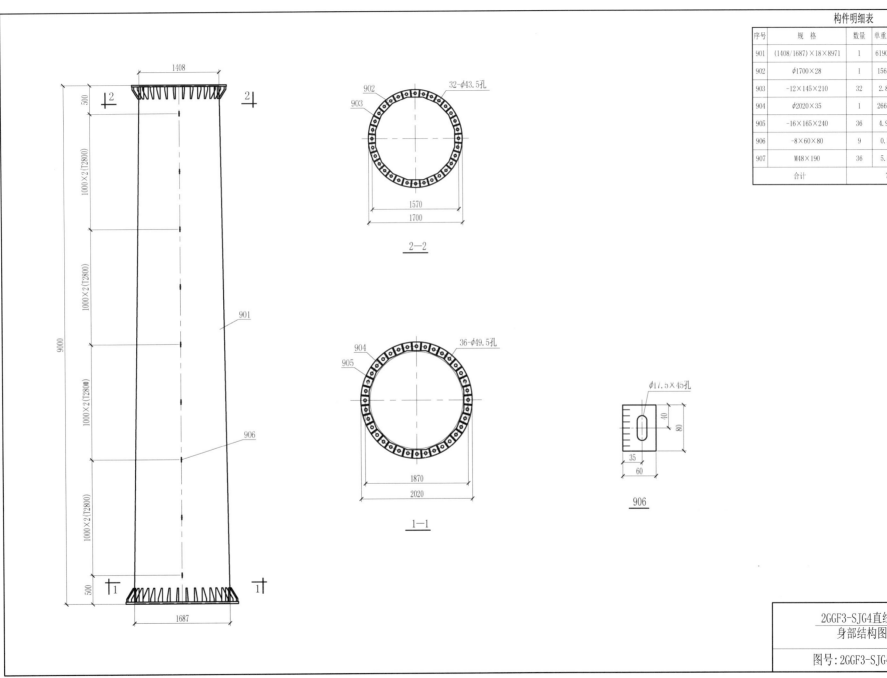

构件明细表

序号	规 格	数量	单重/kg	总重/kg	备注
901	(1408/1687)×18×8971	1	6190.4	6190.4	Q420B
902	φ1700×28	1	156.6	156.6	
903	-12×145×210	32	2.87	91.8	Q345B
904	φ2020×35	1	266.3	266.3	
905	-16×165×240	36	4.97	178.9	
906	-8×60×80	9	0.3	2.7	
907	M48×190	36	5.5	198.0	8.8级
合计				7084.7kg	

2—2

1—1

906

2GGF3-SJG4直线杆 ⑨
身部结构图

图号：2GGF3-SJG4-10

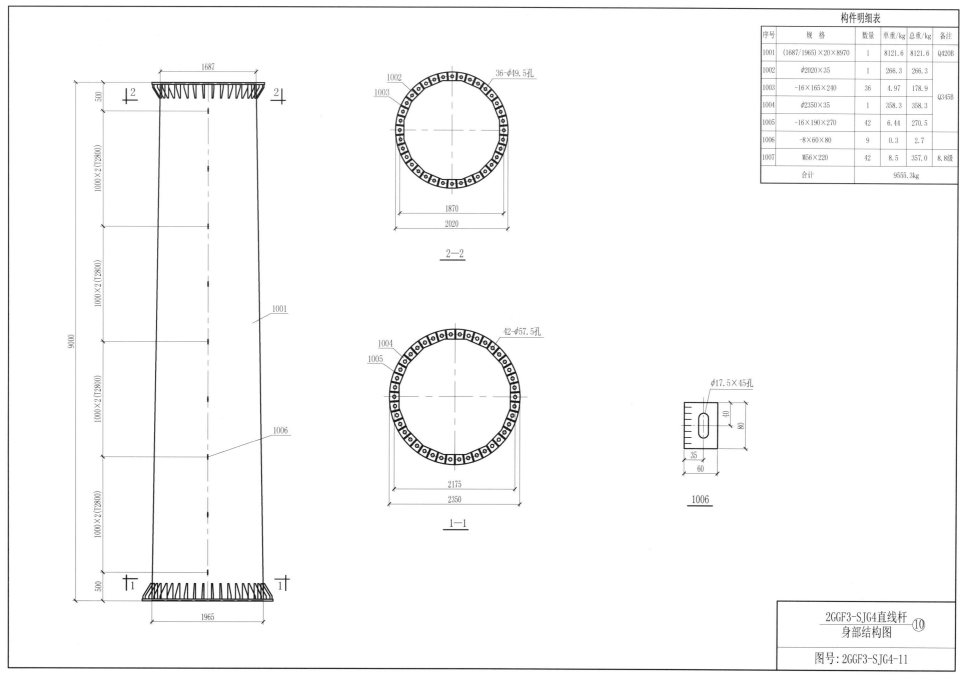

构件明细表

序号	规格	数量	单重/kg	总重/kg	备注
1001	(1687/1965)×20×8970	1	8121.6	8121.6	Q420B
1002	φ2020×35	1	266.3	266.3	
1003	-16×165×240	36	4.97	178.9	Q345B
1004	φ2350×35	1	358.3	358.3	
1005	-16×190×270	42	6.44	270.5	
1006	-8×60×80	9	0.3	2.7	
1007	M56×220	42	8.5	357.0	8.8级
合计				9555.3kg	

36-φ49.5孔

2—2

42-φ57.5孔

1—1

φ17.5×45孔

1006

2GGF3-SJG4直线杆
身部结构图 ⑩

图号：2GGF3-SJG4-11

150

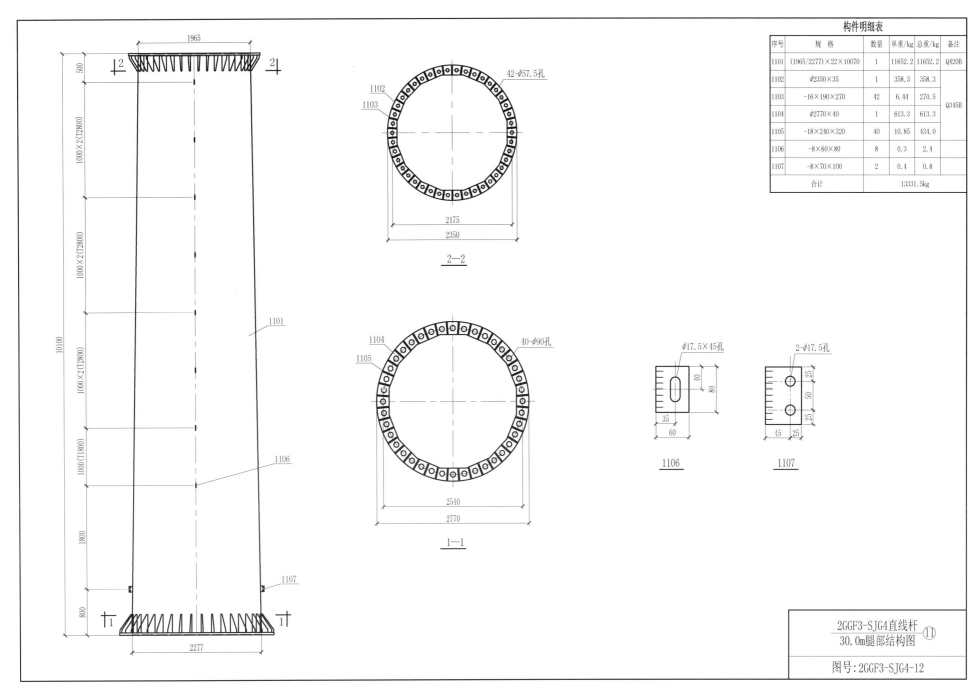

构件明细表					
序号	规 格	数量	单重/kg	总重/kg	备注
1101	(1965/2277)×22×10070	1	11652.2	11652.2	Q420B
1102	φ2350×35	1	358.3	358.3	Q345B
1103	-16×190×270	42	6.44	270.5	
1104	φ2770×40	1	613.3	613.3	
1105	-18×240×320	40	10.85	434.0	
1106	-8×60×80	8	0.3	2.4	
1107	-8×70×100	2	0.4	0.8	
合计				13331.5kg	

2—2

1—1

1106

1107

2GGF3-SJG4直线杆
30.0m腿部结构图 ⑪

图号：2GGF3-SJG4-12

151

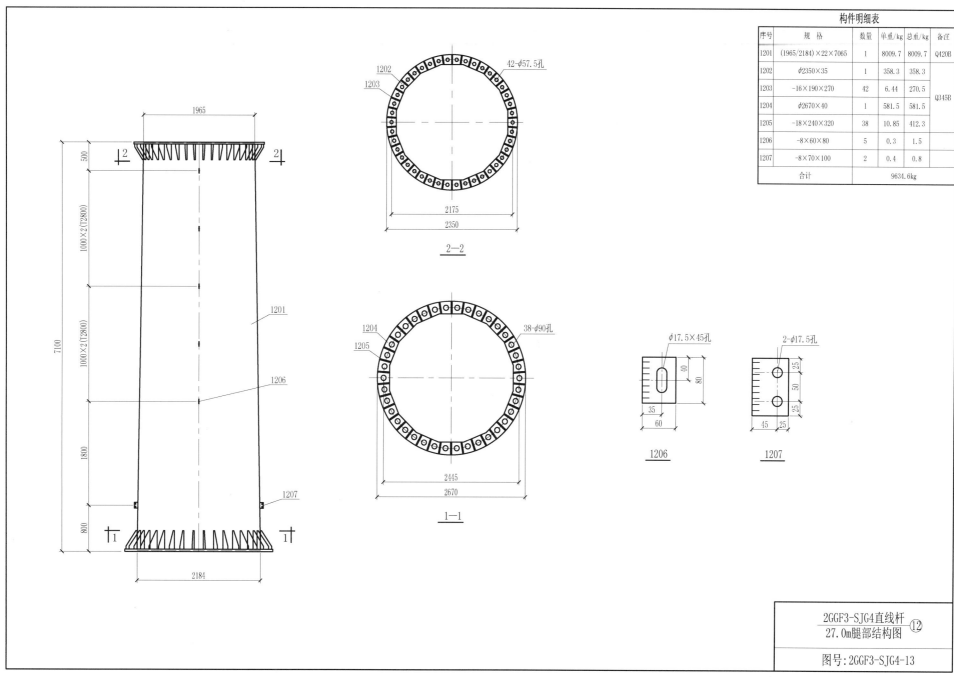

构件明细表					
序号	规格	数量	单重/kg	总重/kg	备注
1201	(1965/2184)×22×7065	1	8009.7	8009.7	Q420B
1202	φ2350×35	1	358.3	358.3	
1203	-16×190×270	42	6.44	270.5	Q345B
1204	φ2670×40	1	581.5	581.5	
1205	-18×240×320	38	10.85	412.3	
1206	-8×60×80	5	0.3	1.5	
1207	-8×70×100	2	0.4	0.8	
合计				9634.6kg	

42-φ57.5孔

2—2

38-φ90孔

1—1

φ17.5×45孔

2-φ17.5孔

1206

1207

2GGF3-SJG4直线杆 ⑫
27.0m腿部结构图

图号：2GGF3-SJG4-13

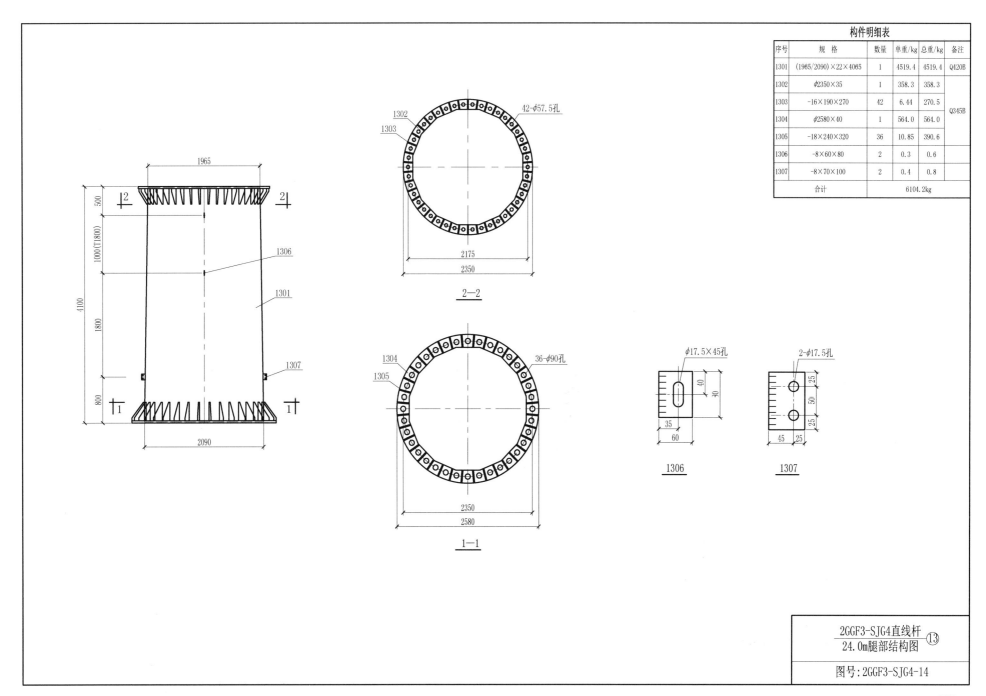

構件明細表

序号	規格	数量	单重/kg	总重/kg	备注
1301	(1965/2090)×22×4065	1	4519.4	4519.4	Q420B
1302	φ2350×35	1	358.3	358.3	
1303	−16×190×270	42	6.44	270.5	Q345B
1304	φ2580×40	1	564.0	564.0	
1305	−18×240×320	36	10.85	390.6	
1306	−8×60×80	2	0.3	0.6	
1307	−8×70×100	2	0.4	0.8	
合计				6104.2kg	

2GGF3-SJG4直线杆 ⑬
24.0m腿部结构图

图号：2GGF3-SJG4-14

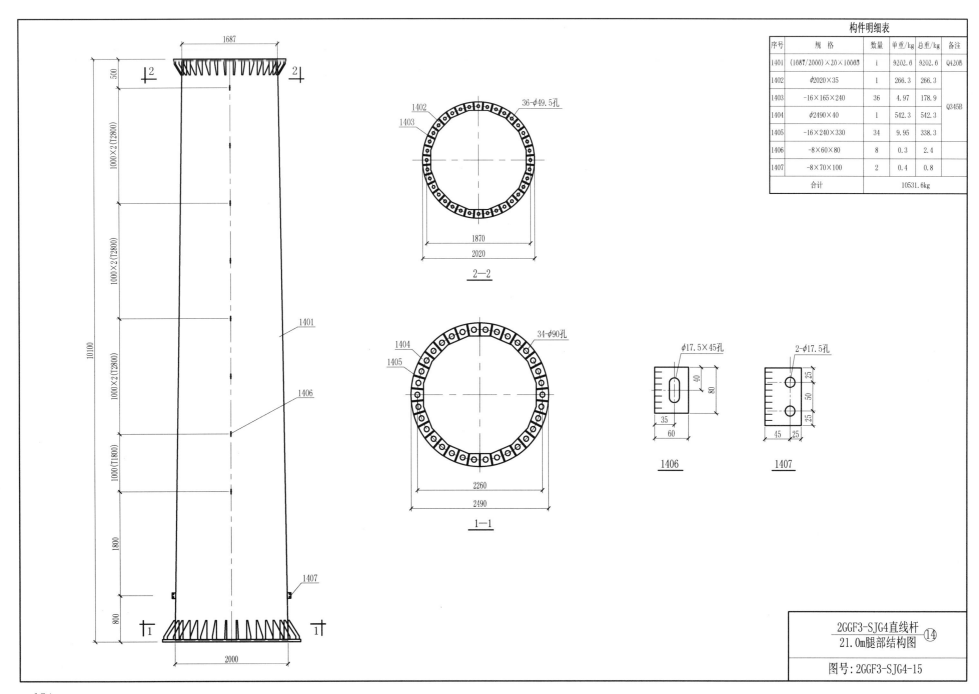

构件明细表					
序号	规格	数量	单重/kg	总重/kg	备注
1401	(1087/2000)×20×10065	1	9202.6	9202.6	Q420B
1402	φ2020×35	1	266.3	266.3	
1403	-16×165×240	36	4.97	178.9	Q345B
1404	φ2490×40	1	542.3	542.3	
1405	-16×240×330	34	9.95	338.3	
1406	-8×60×80	8	0.3	2.4	
1407	-8×70×100	2	0.4	0.8	
合计				10531.6kg	

36-φ49.5孔

2020
1870

2—2

34-φ90孔

2490
2260

1—1

φ17.5×45孔

1406

2-φ17.5孔

1407

2GGF3-SJG4直线杆
21.0m腿部结构图 ⑭

图号: 2GGF3-SJG4-15

154

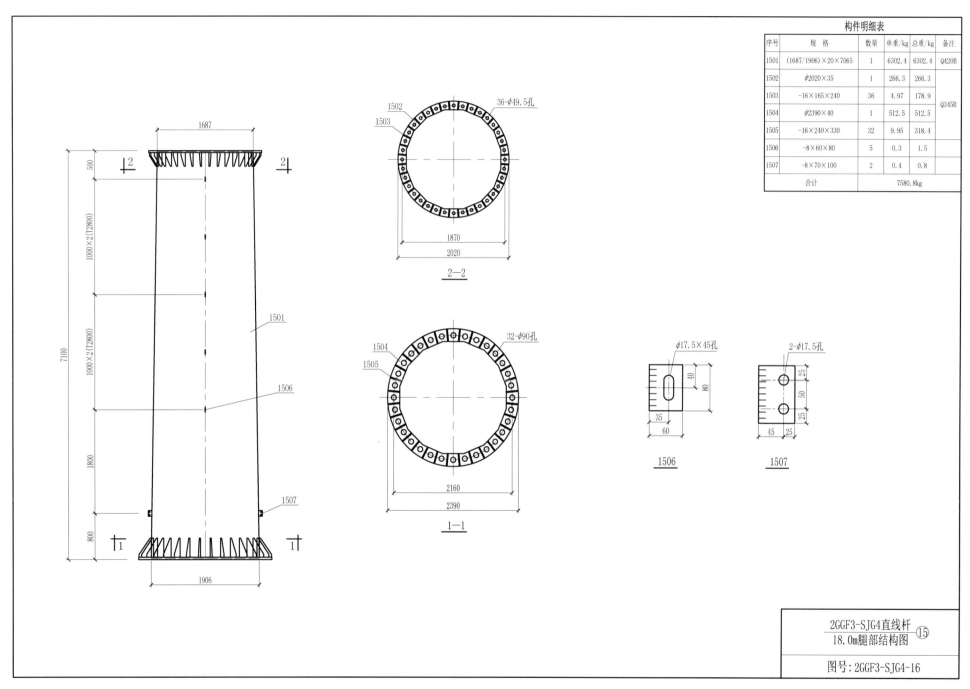

构件明细表

序号	规 格	数量	单重/kg	总重/kg	备注
1501	(1687/1906)×20×7065	1	6302.4	6302.4	Q420B
1502	φ2020×35	1	266.3	266.3	
1503	-16×165×240	36	4.97	178.9	Q345B
1504	φ2390×40	1	512.5	512.5	
1505	-16×240×330	32	9.95	318.4	
1506	-8×60×80	5	0.3	1.5	
1507	-8×70×100	2	0.4	0.8	
合计				7580.8kg	

2GGF3-SJG4直线杆⑮
18.0m腿部结构图

图号：2GGF3-SJG4-16

155

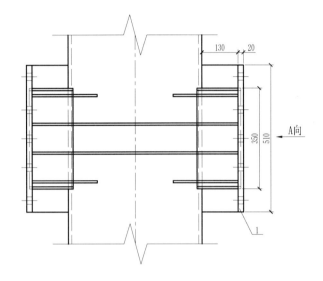

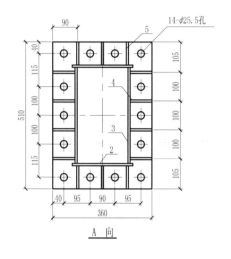

A 向

14-φ25.5孔

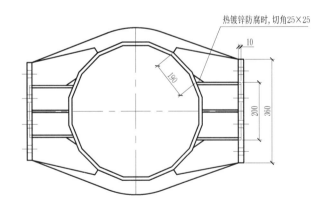

热镀锌防腐时,切角25×25

构件明细表

序号	规 格	数量	单重/kg	总重/kg	备 注
1	-20×360×510	2	28.8	57.6	
2	-8×220	4	2.1	8.4	
3	-8×284	4	3.0	12.0	158.4kg
4	-8	8	3.6	28.8	
5	-8	12	0.7	8.4	
6	-8	4	10.8	43.2	

说明:
序号2、3、4、5尺寸以实际放样为准。

2GGF3-SJG4直线杆
地线横担①、②连接法兰

图号:2GGF3-SJG4-17

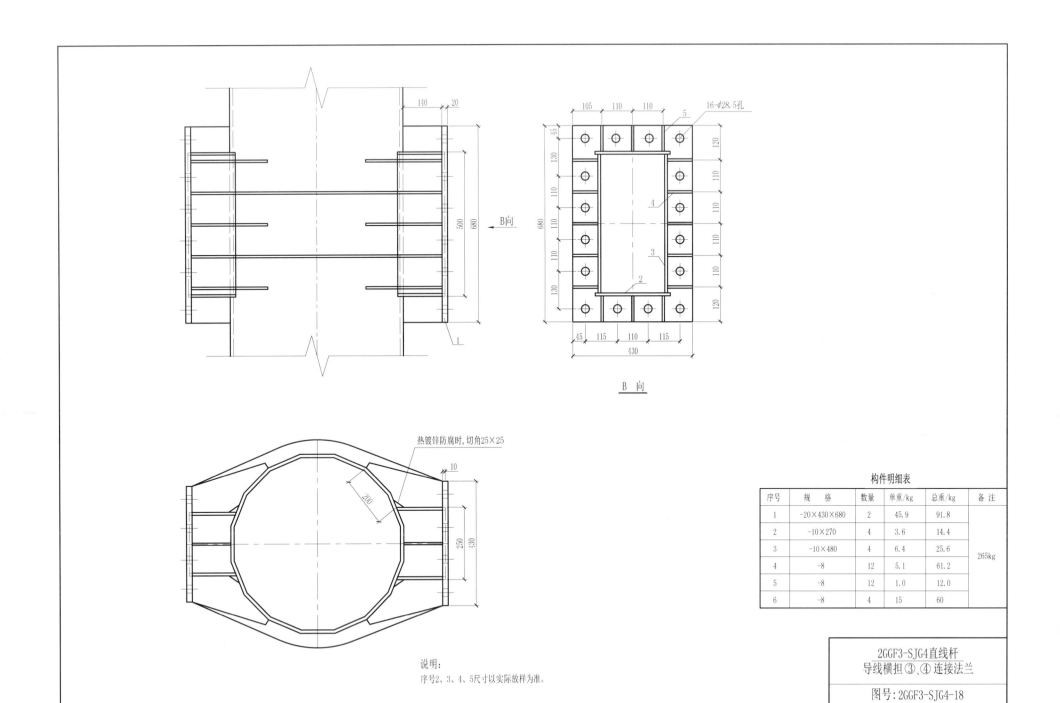

序号	规　格	数量	单重/kg	总重/kg	备　注
1	-20×430×680	2	45.9	91.8	
2	-10×270	4	3.6	14.4	265kg
3	-10×480	4	6.4	25.6	
4	-8	12	5.1	61.2	
5	-8	12	1.0	12.0	
6	-8	4	15	60	

构件明细表

热镀锌防腐时，切角25×25

说明：
序号2、3、4、5尺寸以实际放样为准。

2GGF3-SJG4直线杆
导线横担③、④连接法兰

图号：2GGF3-SJG4-18

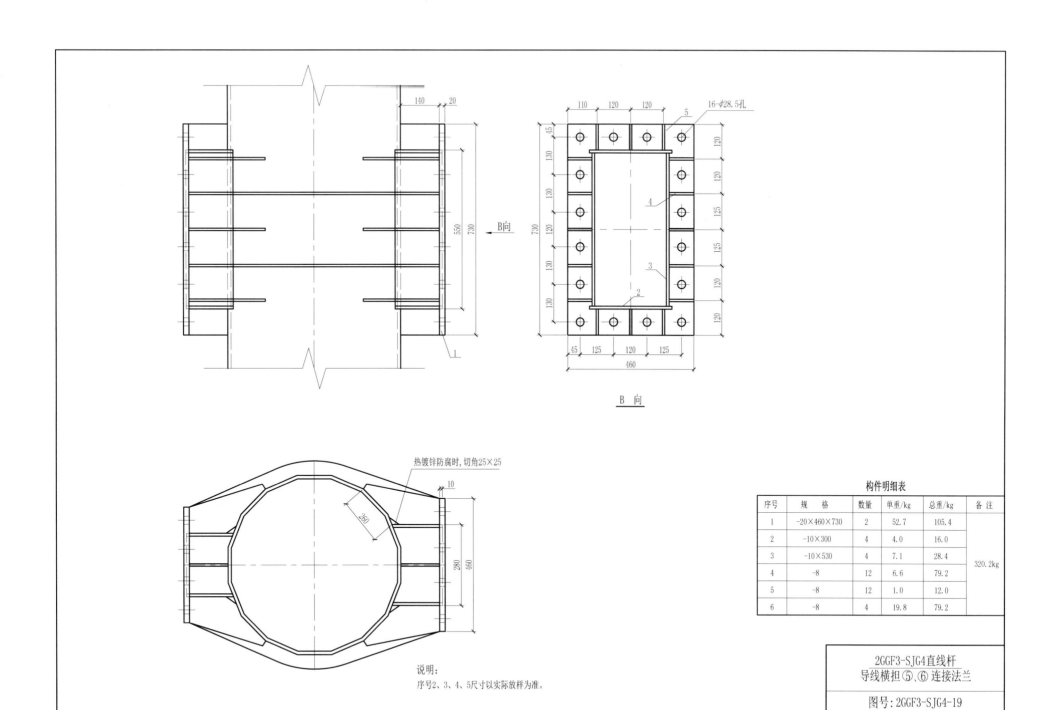

B向

B 向

热镀锌防腐时,切角25×25

说明:
序号2、3、4、5尺寸以实际放样为准。

构件明细表

序号	规 格	数量	单重/kg	总重/kg	备 注
1	-20×460×730	2	52.7	105.4	
2	-10×300	4	4.0	16.0	
3	-10×530	4	7.1	28.4	320.2kg
4	-8	12	6.6	79.2	
5	-8	12	1.0	12.0	
6	-8	4	19.8	79.2	

2GGF3-SJG4直线杆
导线横担⑤、⑥连接法兰

图号:2GGF3-SJG4-19

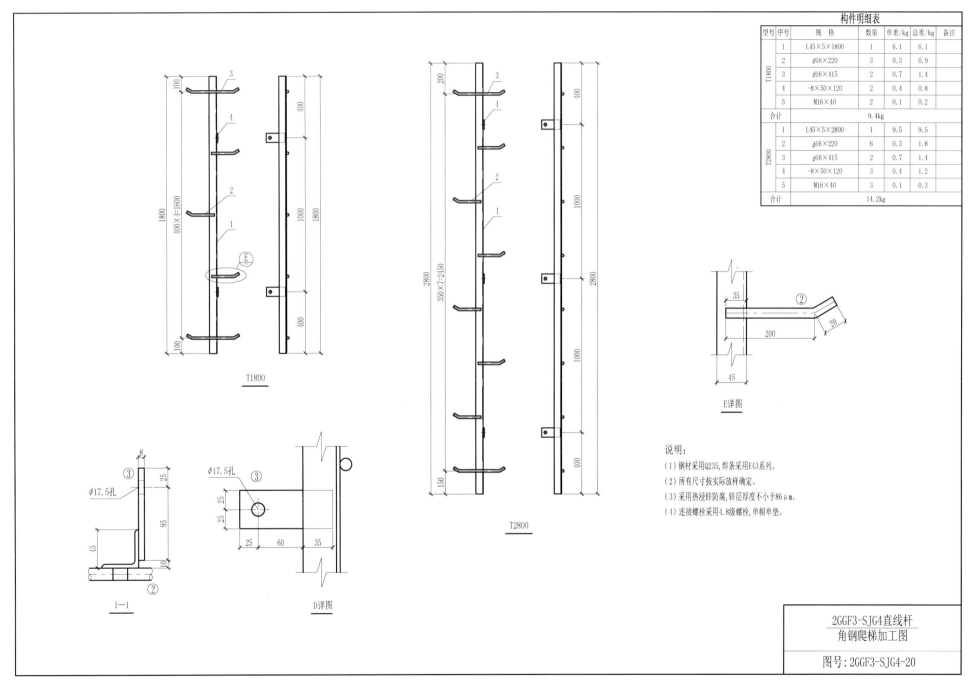

构件明细表

型号	序号	规 格	数量	单重/kg	总重/kg	备注
T1800	1	L45×5×1800	1	6.1	6.1	
	2	φ16×220	3	0.3	0.9	
	3	φ16×415	2	0.7	1.4	
	4	-8×50×120	2	0.4	0.8	
	5	M16×40	2	0.1	0.2	
合计				9.4kg		
T2800	1	L45×5×2800	1	9.5	9.5	
	2	φ16×220	6	0.3	1.8	
	3	φ16×415	2	0.7	1.4	
	4	-8×50×120	3	0.4	1.2	
	5	M16×40	3	0.1	0.3	
合计				14.2kg		

T1800

T2800

E详图

1—1

D详图

说明：
（1）钢材采用Q235，焊条采用E43系列。
（2）所有尺寸按实际放样确定。
（3）采用热浸锌防腐，锌层厚度不小于86μm。
（4）连接螺栓采用4.8级螺栓，单帽单垫。

2GGF3-SJG4直线杆
角钢爬梯加工图

图号：2GGF3-SJG4-20

第 16 章

2GGF3-SJG5 钢管杆加工图

2GGF3-SJG5图 纸 目 录

序号	图　　号	图　　　　名	张数	备　注
1	2GGF3-SJG5-01	2GGF3-SJG5直线杆总图	1	
2	2GGF3-SJG5-02	2GGF3-SJG5直线杆地线横担结构图 ①	1	
3	2GGF3-SJG5-03	2GGF3-SJG5直线杆地线横担结构图 ②	1	
4	2GGF3-SJG5-04	2GGF3-SJG5直线杆导线横担结构图 ③	1	
5	2GGF3-SJG5-05	2GGF3-SJG5直线杆导线横担结构图 ④	1	
6	2GGF3-SJG5-06	2GGF3-SJG5直线杆导线横担结构图 ⑤	1	
7	2GGF3-SJG5-07	2GGF3-SJG5直线杆导线横担结构图 ⑥	1	
8	2GGF3-SJG5-08	2GGF3-SJG5直线杆身部结构图 ⑦	1	
9	2GGF3-SJG5-09	2GGF3-SJG5直线杆身部结构图 ⑧	1	
10	2GGF3-SJG5-10	2GGF3-SJG5直线杆身部结构图 ⑨	1	
11	2GGF3-SJG5-11	2GGF3-SJG5直线杆身部结构图 ⑩	1	
12	2GGF3-SJG5-12	2GGF3-SJG5直线杆30.0m腿部结构图 ⑪	1	
13	2GGF3-SJG5-13	2GGF3-SJG5直线杆27.0m腿部结构图 ⑫	1	
14	2GGF3-SJG5-14	2GGF3-SJG5直线杆24.0m腿部结构图 ⑬	1	
15	2GGF3-SJG5-15	2GGF3-SJG5直线杆21.0m腿部结构图 ⑭	1	
16	2GGF3-SJG5-16	2GGF3-SJG5直线杆18.0m腿部结构图 ⑮	1	
17	2GGF3-SJG5-17	2GGF3-SJG5直线杆地线横担①、②连接法兰	1	
18	2GGF3-SJG5-18	2GGF3-SJG5直线杆导线横担③、④连接法兰	1	
19	2GGF3-SJG5-19	2GGF3-SJG5直线杆导线横担⑤、⑥连接法兰	1	
20	2GGF3-SJG5-20	2GGF3-SJG5直线杆角钢爬梯加工图	1	

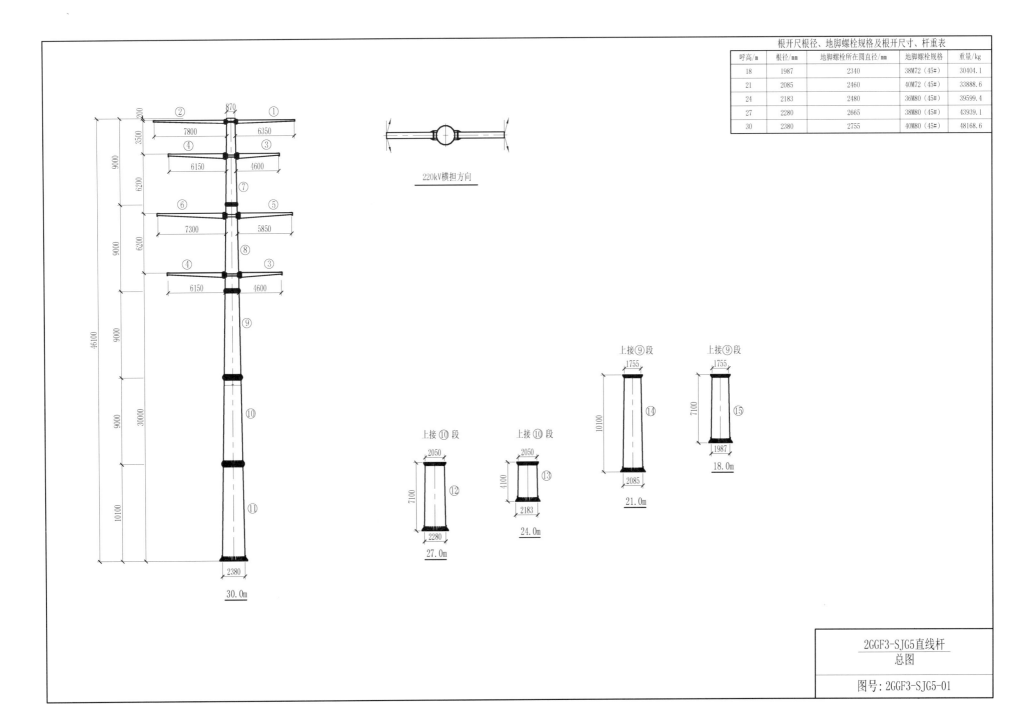

呼高/m	根径/mm	地脚螺栓所在圆直径/mm	地脚螺栓规格	重量/kg
18	1987	2340	38M72（45#）	30404.1
21	2085	2460	40M72（45#）	33888.6
24	2183	2480	36M80（45#）	39599.4
27	2280	2665	38M80（45#）	43939.1
30	2380	2755	40M80（45#）	48168.6

根开尺根径、地脚螺栓规格及根开尺寸、杆重表

220kV横担方向

上接⑩段

上接⑩段

上接⑨段

上接⑨段

2GGF3-SJG5直线杆
总图

图号：2GGF3-SJG5-01

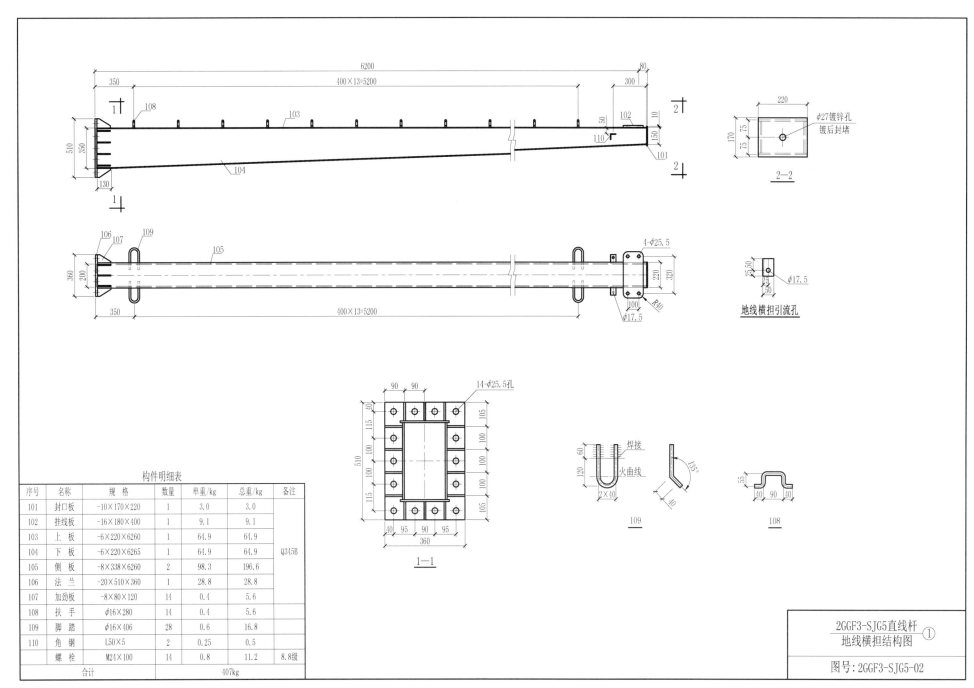

地线横担引流孔

2—2

构件明细表

序号	名称	规格	数量	单重/kg	总重/kg	备注
101	封口板	-10×170×220	1	3.0	3.0	
102	挂线板	-16×180×400	1	9.1	9.1	
103	上板	-6×220×6260	1	64.9	64.9	
104	下板	-6×220×6265	1	64.9	64.9	Q345B
105	侧板	-8×338×6260	2	98.3	196.6	
106	法兰	-20×510×360	1	28.8	28.8	
107	加劲板	-8×80×120	14	0.4	5.6	
108	扶手	φ16×280	14	0.4	5.6	
109	脚踏	φ16×406	28	0.6	16.8	
110	角钢	L50×5	2	0.25	0.5	
	螺栓	M24×100	14	0.8	11.2	8.8级
合计					407kg	

1—1

焊接
火曲线

109

108

2GGF3-SJG5直线杆 ①
地线横担结构图

图号：2GGF3-SJG5-02

162

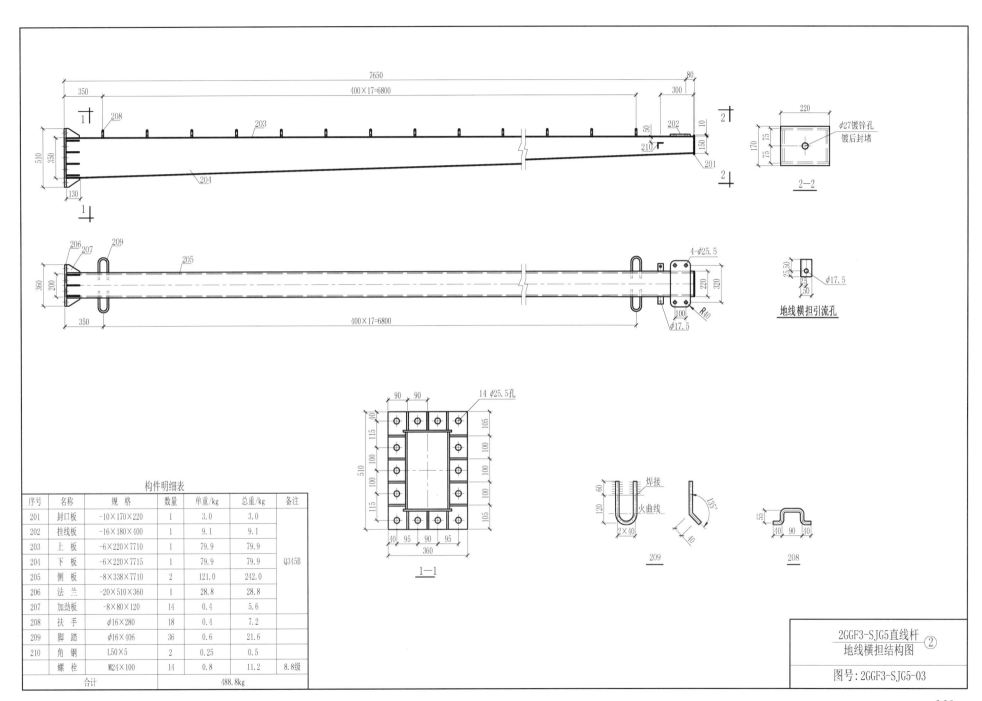

序号	名称	规 格	数量	单重/kg	总重/kg	备注
201	封口板	-10×170×220	1	3.0	3.0	
202	挂线板	-16×180×400	1	9.1	9.1	
203	上 板	-6×220×7710	1	79.9	79.9	
204	下 板	-6×220×7715	1	79.9	79.9	Q345B
205	侧 板	-8×338×7710	2	121.0	242.0	
206	法 兰	-20×510×360	1	28.8	28.8	
207	加劲板	-8×80×120	14	0.4	5.6	
208	扶 手	φ16×280	18	0.4	7.2	
209	脚 踏	φ16×406	36	0.6	21.6	
210	角 钢	L50×5	2	0.25	0.5	
	螺 栓	M24×100	14	0.8	11.2	8.8级
	合计				488.8kg	

构件明细表

2GGF3-SJG5直线杆 ②
地线横担结构图

图号：2GGF3-SJG5-03

163

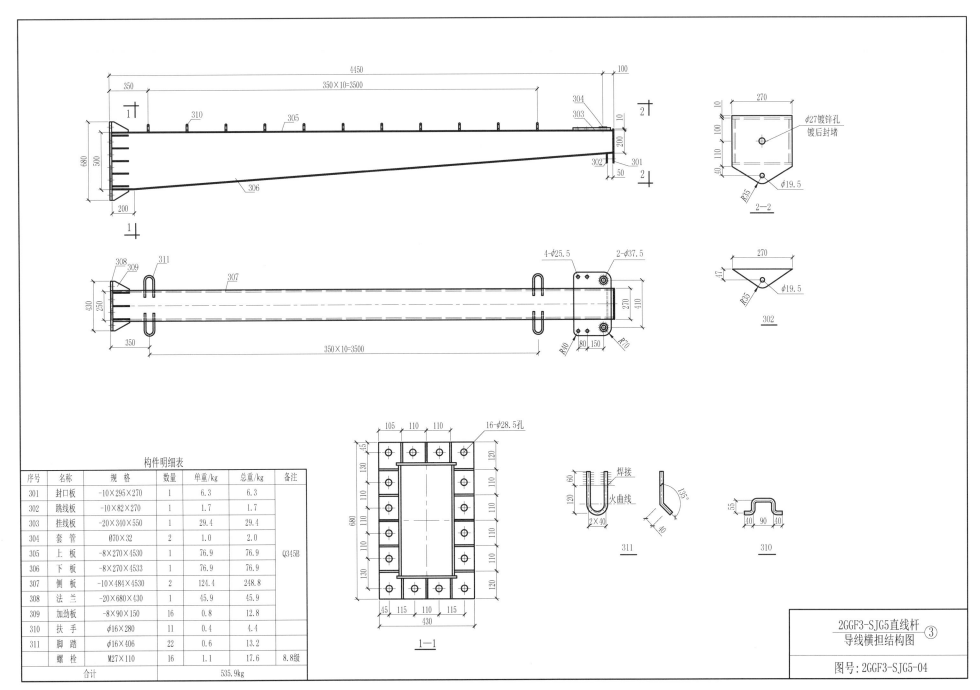

序号	名称	规　格	数量	单重/kg	总重/kg	备注
301	封口板	-10×295×270	1	6.3	6.3	
302	跳线板	-10×82×270	1	1.7	1.7	
303	挂线板	-20×340×550	1	29.4	29.4	
304	套 管	Ø70×32	2	1.0	2.0	
305	上 板	-8×270×4530	1	76.9	76.9	Q345B
306	下 板	-8×270×4533	1	76.9	76.9	
307	侧 板	-10×484×4530	2	124.4	248.8	
308	法 兰	-20×680×430	1	45.9	45.9	
309	加劲板	-8×90×150	16	0.8	12.8	
310	扶 手	Ø16×280	11	0.4	4.4	
311	脚 踏	Ø16×406	22	0.6	13.2	
	螺 栓	M27×110	16	1.1	17.6	8.8级
	合计				535.9kg	

构件明细表

1—1

2—2

302

311

310

2GGF3-SJG5直线杆
导线横担结构图 ③

图号：2GGF3-SJG5-04

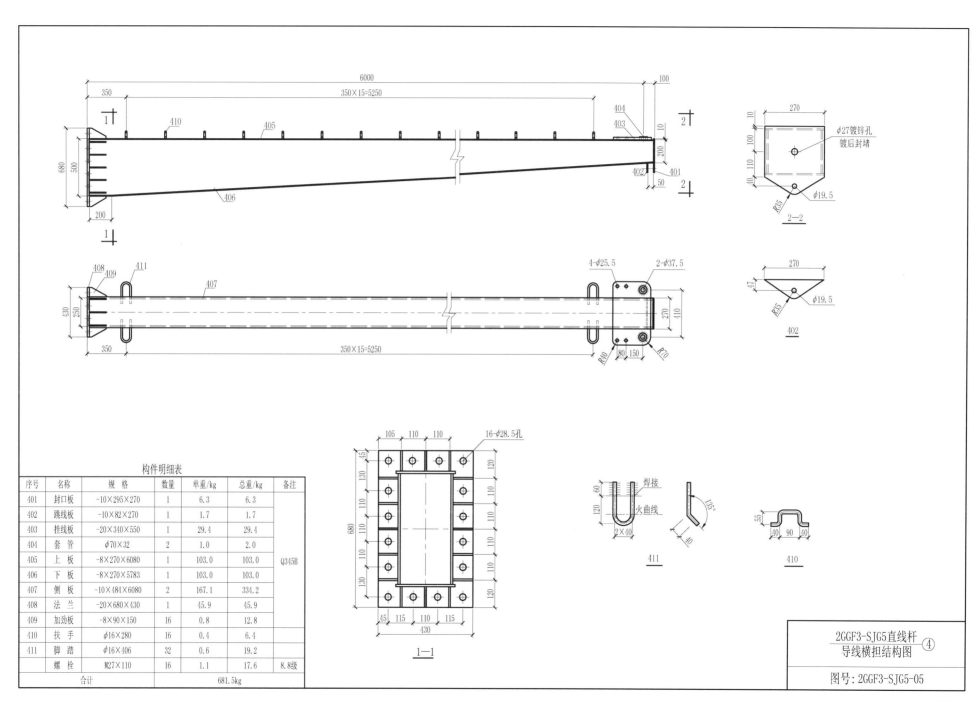

序号	名 称	规 格	数量	单重/kg	总重/kg	备注
401	封口板	-10×295×270	1	6.3	6.3	
402	跳线板	-10×82×270	1	1.7	1.7	
403	挂线板	-20×340×550	1	29.4	29.4	
404	套 管	φ70×32	2	1.0	2.0	
405	上 板	-8×270×6080	1	103.0	103.0	Q345B
406	下 板	-8×270×5783	1	103.0	103.0	
407	侧 板	-10×484×6080	2	167.1	334.2	
408	法 兰	-20×680×430	1	45.9	45.9	
409	加劲板	-8×90×150	16	0.8	12.8	
410	扶 手	φ16×280	16	0.4	6.4	
411	脚 踏	φ16×406	32	0.6	19.2	
	螺 栓	M27×110	16	1.1	17.6	8.8级
合计					681.5kg	

构件明细表

1—1

2GGF3-SJG5直线杆 ④
导线横担结构图

图号: 2GGF3-SJG5-05

165

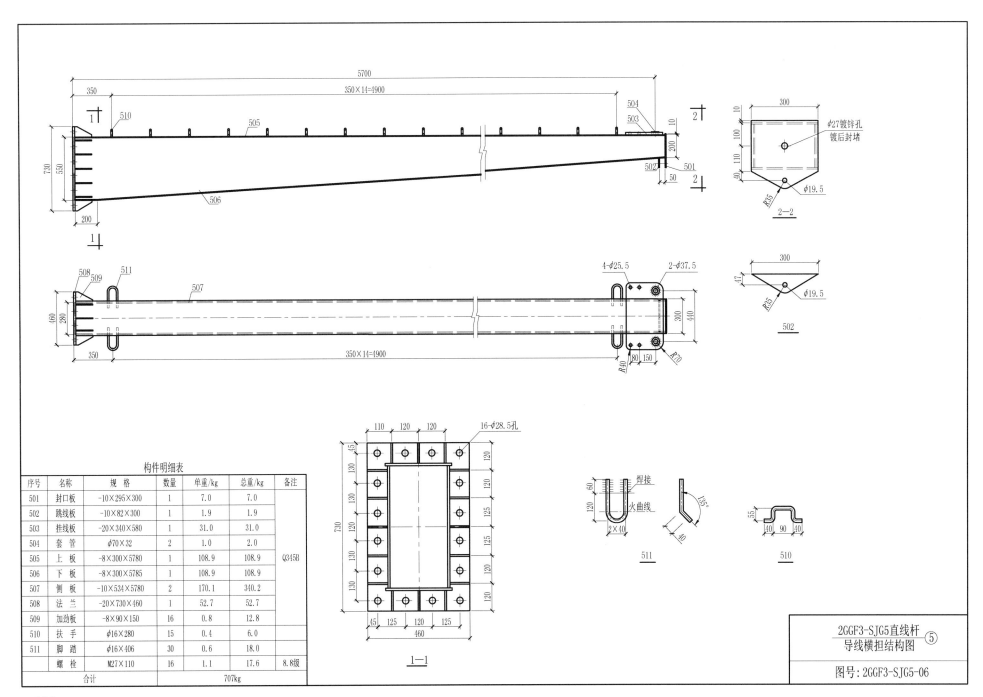

序号	名称	规 格	数量	单重/kg	总重/kg	备注
501	封口板	−10×295×300	1	7.0	7.0	
502	跳线板	−10×82×300	1	1.9	1.9	
503	挂线板	−20×340×580	1	31.0	31.0	
504	套 管	φ70×32	2	1.0	2.0	
505	上 板	−8×300×5780	1	108.9	108.9	Q345B
506	下 板	−8×300×5785	1	108.9	108.9	
507	侧 板	−10×534×5780	2	170.1	340.2	
508	法 兰	−20×730×460	1	52.7	52.7	
509	加劲板	−8×90×150	16	0.8	12.8	
510	扶 手	φ16×280	15	0.4	6.0	
511	脚 踏	φ16×406	30	0.6	18.0	
螺 栓		M27×110	16	1.1	17.6	8.8级
合计					707kg	

构件明细表

2GGF3-SJG5直线杆 ⑤
导线横担结构图

图号：2GGF3-SJG5-06

166

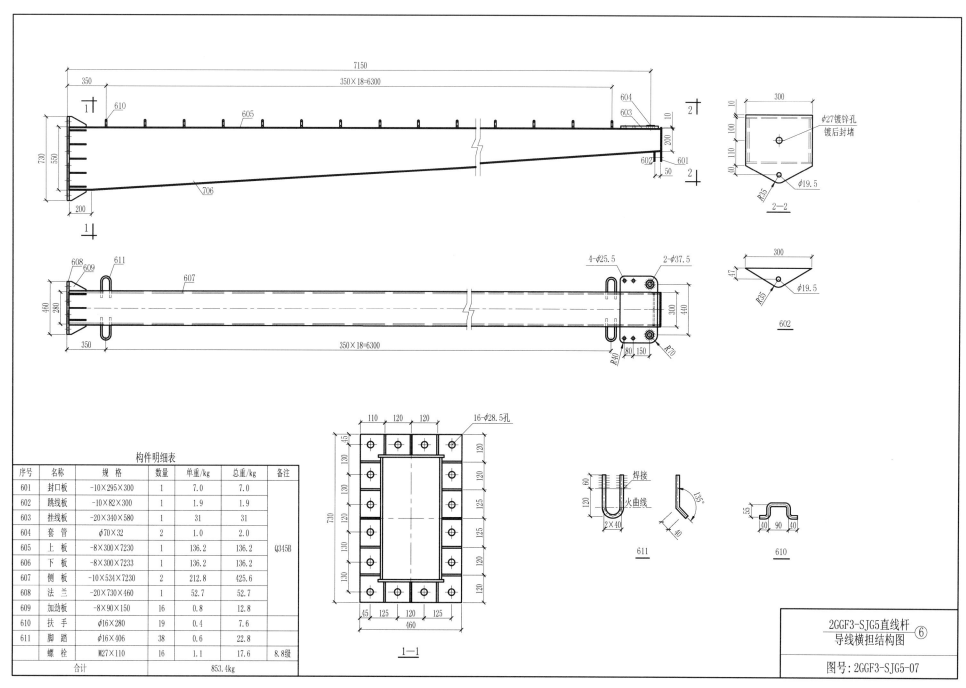

序号	名称	规 格	数量	单重/kg	总重/kg	备注
601	封口板	-10×295×300	1	7.0	7.0	
602	跳线板	-10×82×300	1	1.9	1.9	
603	挂线板	-20×340×580	1	31	31	
604	套 管	φ70×32	2	1.0	2.0	
605	上 板	-8×300×7230	1	136.2	136.2	Q345B
606	下 板	-8×300×7233	1	136.2	136.2	
607	侧 板	-10×534×7230	2	212.8	425.6	
608	法 兰	-20×730×460	1	52.7	52.7	
609	加劲板	-8×90×150	16	0.8	12.8	
610	扶 手	φ16×280	19	0.4	7.6	
611	脚 踏	φ16×406	38	0.6	22.8	
	螺 栓	M27×110	16	1.1	17.6	8.8级
合计					853.4kg	

构件明细表

2GGF3-SJG5直线杆 ⑥
导线横担结构图

图号：2GGF3-SJG5-07

167

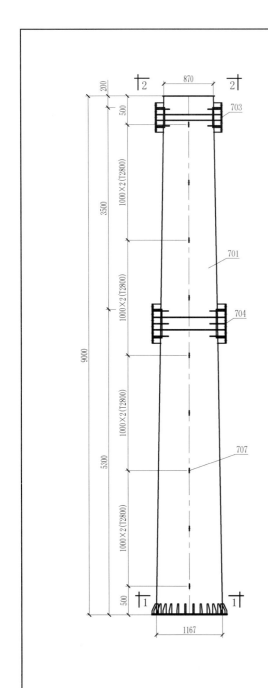

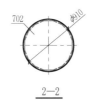

702

ϕ910

2—2

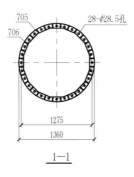

705

706

28-ϕ28.5孔

1275

1360

1—1

ϕ17.5×45孔

40

80

35

60

707

构件明细表					
序号	规 格	数量	单重/kg	总重/kg	备注
701	(870/1167)×8×8985	1	1817.7	1817.7	Q420B
702	ϕ910×6	1	32.0	32.0	
703	地线横担一法兰	1	158.4	158.4	标准件
704	导线横担二法兰	1	265	265	
705	ϕ1360×20	1	60.1	60.1	Q345B
706	-8×90×170	28	0.9	25.2	
707	-8×60×80	9	0.3	2.7	
707	M27×120	28	1.07	30.0	8.8级
合计				2391.1kg	

2GGF3-SJG5直线杆 ⑦
身部结构图

图号：2GGF3-SJG5-08

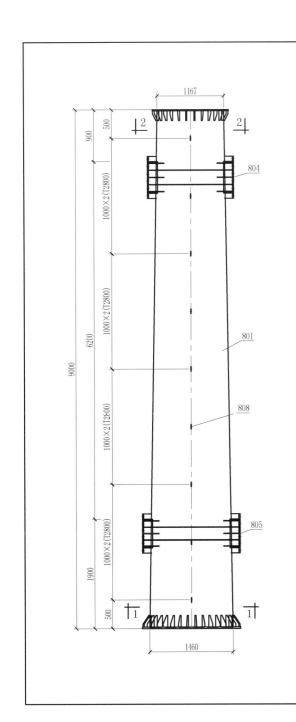

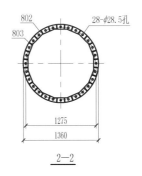

28-φ28.5孔

1275

1360

2—2

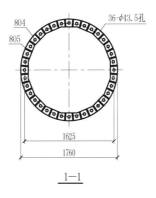

36-φ43.5孔

1625

1760

1—1

φ17.5×45孔

808

构件明细表					
序号	规 格	数量	单重/kg	总重/kg	备注
801	(1167/1460)×16×8976	1	4667.9	4667.9	Q420B
802	φ1360×20	1	60.1	60.1	Q345B
803	-8×90×170	28	0.9	25.2	
804	导线横担三法兰	1	320.2	320.2	标准件
805	导线横担二法兰	1	265	265	
806	φ1760×28	1	166.7	166.7	Q345B
807	-14×150×200	36	3.3	118.8	
808	-8×60×80	9	0.3	2.7	
809	M42×170	36	3.6	129.6	8.8级
合计				5756.2kg	

2GGF3-SJG5直线杆
身部结构图 ⑧

图号: 2GGF3-SJG5-09

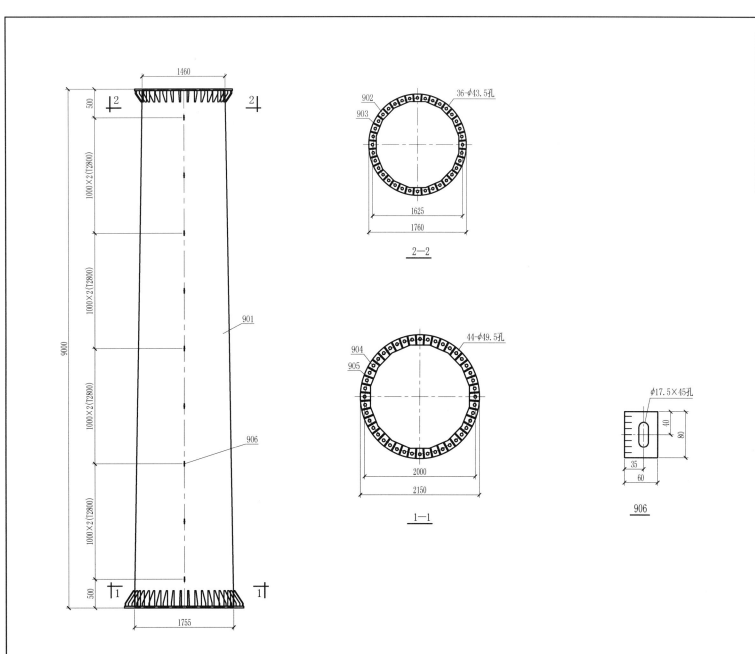

	构件明细表				
序号	规 格	数量	单重/kg	总重/kg	备注
901	(1460/1755)×20×8970	1	7139.0	7139.0	Q420B
902	φ1760×28	1	166.7	166.7	
903	−14×150×200	36	3.3	118.8	
904	φ2150×30	1	285.2	285.2	Q345B
905	−16×195×270	44	6.61	290.8	
906	−8×60×80	9	0.3	2.7	
907	M48×190	44	5.5	242.0	8.8级
合计				8245.2kg	

36-φ43.5孔

902
903

2—2

1625
1760

44-φ49.5孔

904
905

2000
2150

1—1

φ17.5×45孔

40
80

35
60

906

1460

500

1000×2(T2800)

9000

1000×2(T2800)

901

1000×2(T2800)

906

1000×2(T2800)

500

1755

2GGF3-SJG5直线杆 ⑨
身部结构图

图号:2GGF3-SJG5-10

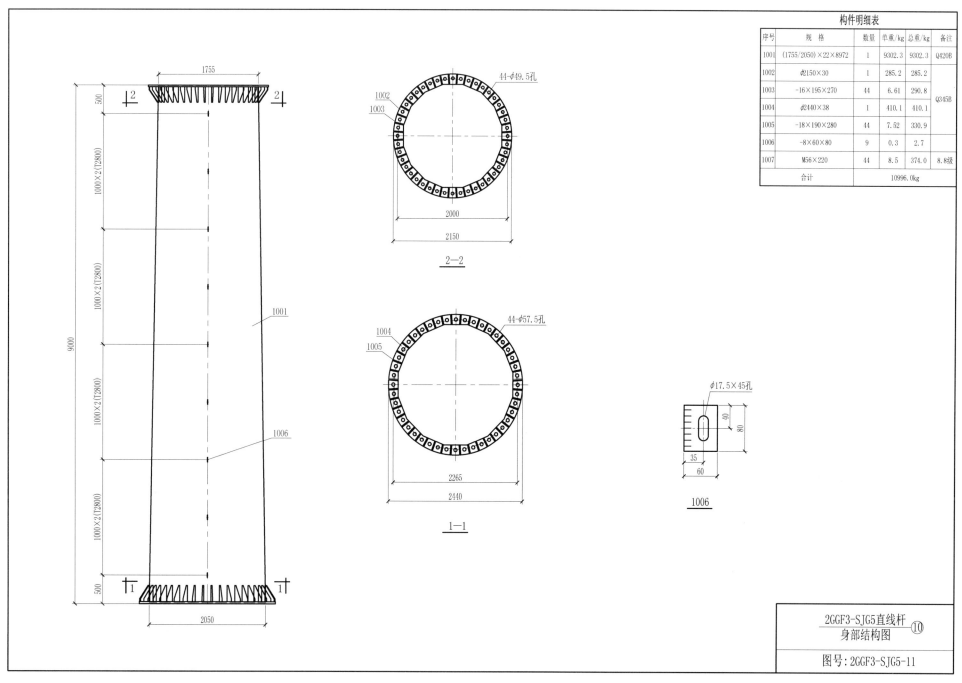

构件明细表					
序号	规 格	数量	单重/kg	总重/kg	备注
1001	(1755/2050)×22×8972	1	9302.3	9302.3	Q420B
1002	φ2150×30	1	285.2	285.2	Q345B
1003	-16×195×270	44	6.61	290.8	
1004	φ2440×38	1	410.1	410.1	
1005	-18×190×280	44	7.52	330.9	
1006	-8×60×80	9	0.3	2.7	
1007	M56×220	44	8.5	374.0	8.8级
合计				10996.0kg	

44-φ49.5孔

1002
1003

2000
2150

2—2

44-φ57.5孔

1004
1005

2265
2440

1—1

φ17.5×45孔

40
80
35
60

1006

9000

1755

500
1000×2(T2800)
1000×2(T2800)
1000×2(T2800)
1000×2(T2800)
500

2050

1001
1006

2GGF3-SJG5直线杆⑩
身部结构图

图号：2GGF3-SJG5-11

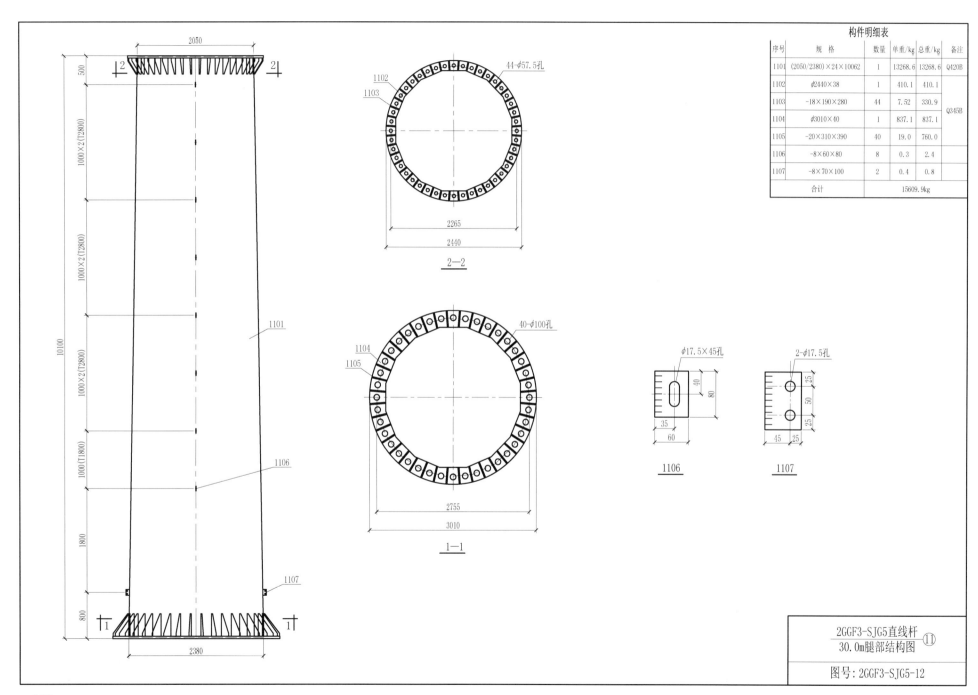

构件明细表

序号	规 格	数量	单重/kg	总重/kg	备注
1101	(2050/2380)×24×10062	1	13268.6	13268.6	Q420B
1102	φ2440×38	1	410.1	410.1	
1103	-18×190×280	44	7.52	330.9	Q345B
1104	φ3010×40	1	837.1	837.1	
1105	-20×310×390	40	19.0	760.0	
1106	-8×60×80	8	0.3	2.4	
1107	-8×70×100	2	0.4	0.8	
合计				15609.9kg	

44-φ57.5孔

1102
1103

2265

2440

2—2

40-φ100孔

1104
1105

2755

3010

1—1

φ17.5×45孔

40
80

35
60

1106

2-φ17.5孔

25
50
25

45   25

1107

2050

500

1000×2(T2800)

1000×2(T2800)

10100

1000×2(T2800)

1101

1000(T1800)

1800

1106

800

1107

2380

2GGF3-SJG5直线杆 ⑪
30.0m腿部结构图

图号: 2GGF3-SJG5-12

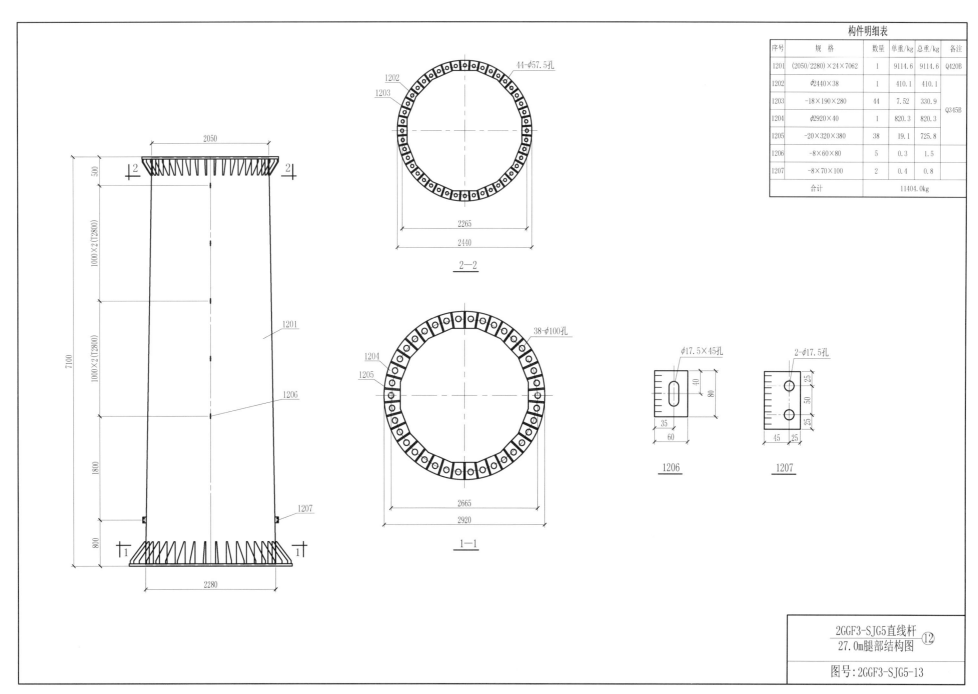

构件明细表

序号	规格	数量	单重/kg	总重/kg	备注
1201	(2050/2280)×24×7062	1	9114.6	9114.6	Q420B
1202	φ2440×38	1	410.1	410.1	Q345B
1203	-18×190×280	44	7.52	330.9	
1204	φ2920×40	1	820.3	820.3	
1205	-20×320×380	38	19.1	725.8	
1206	-8×60×80	5	0.3	1.5	
1207	-8×70×100	2	0.4	0.8	
合计				11404.0kg	

2GGF3-SJG5直线杆
27.0m腿部结构图 ⑫

图号：2GGF3-SJG5-13

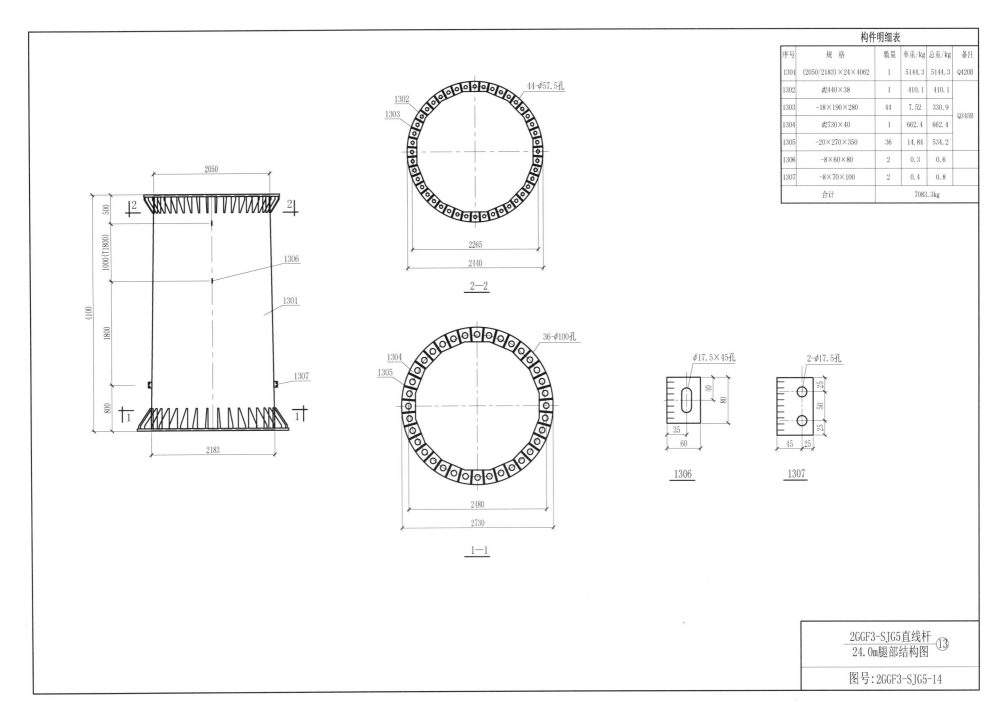

构件明细表					
序号	规 格	数量	单重/kg	总重/kg	备注
1301	(2050/2183)×24×4062	1	5144.3	5144.3	Q420B
1302	φ2440×38	1	410.1	410.1	Q345B
1303	-18×190×280	44	7.52	330.9	
1304	φ2730×40	1	662.4	662.4	
1305	-20×270×350	36	14.84	534.2	
1306	-8×60×80	2	0.3	0.6	
1307	-8×70×100	2	0.4	0.8	
合计				7083.3kg	

44-φ57.5孔

2265
2440

2—2

36-φ100孔

2480
2730

1—1

2050

500
1000(T1800)
1800
800
4100
2183

1306
1301
1307

φ17.5×45孔
40
80
35
60
1306

2-φ17.5孔
25
30
25
45   25
1307

2GGF3-SJG5直线杆
24.0m腿部结构图 ⑬

图号:2GGF3-SJG5-14

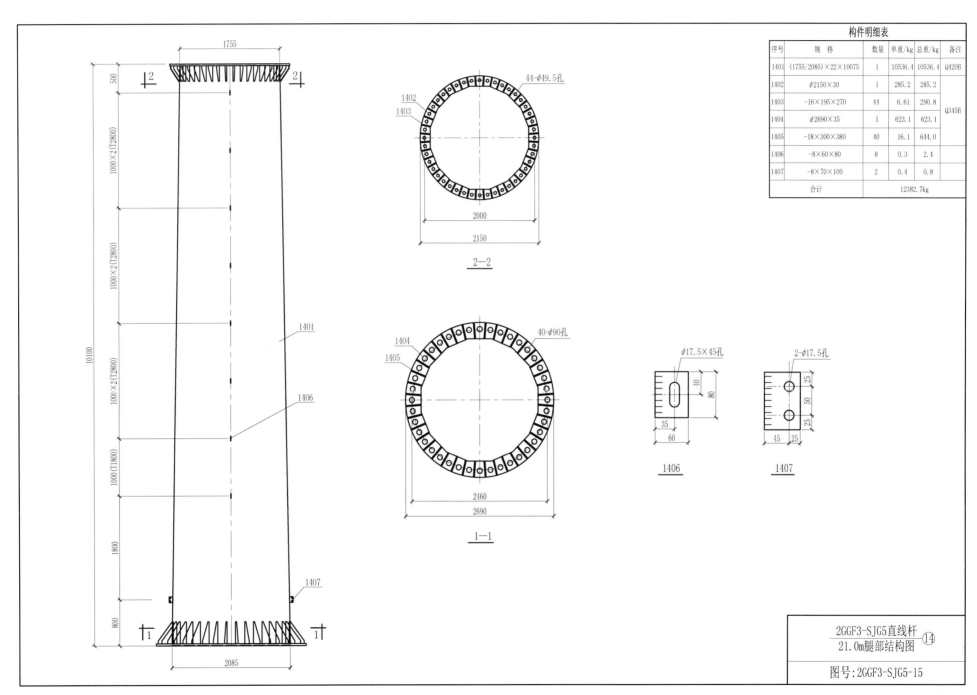

构件明细表

序号	规格	数量	单重/kg	总重/kg	备注
1401	(1755/2085)×22×10075	1	10536.4	10536.4	Q420B
1402	φ2150×30	1	285.2	285.2	
1403	-16×195×270	44	6.61	290.8	Q345B
1404	φ2690×35	1	623.1	623.1	
1405	-18×300×380	40	16.1	644.0	
1406	-8×60×80	8	0.3	2.4	
1407	-8×70×100	2	0.4	0.8	
合计				12382.7kg	

44-φ49.5孔

1402
1403

2000
2150

2—2

40-φ90孔

1404
1405

2460
2690

1—1

φ17.5×45孔

40
80
35
60

1406

2-φ17.5孔

25
50
25
45 25

1407

2GGF3-SJG5直线杆 ⑭
21.0m腿部结构图

图号:2GGF3-SJG5-15

1755
500
1000×2(T2800)
1000×2(T2800)
1000×2(T2800)
1000×2(T1800)
1800
800
10100
1401
1406
1407
2085

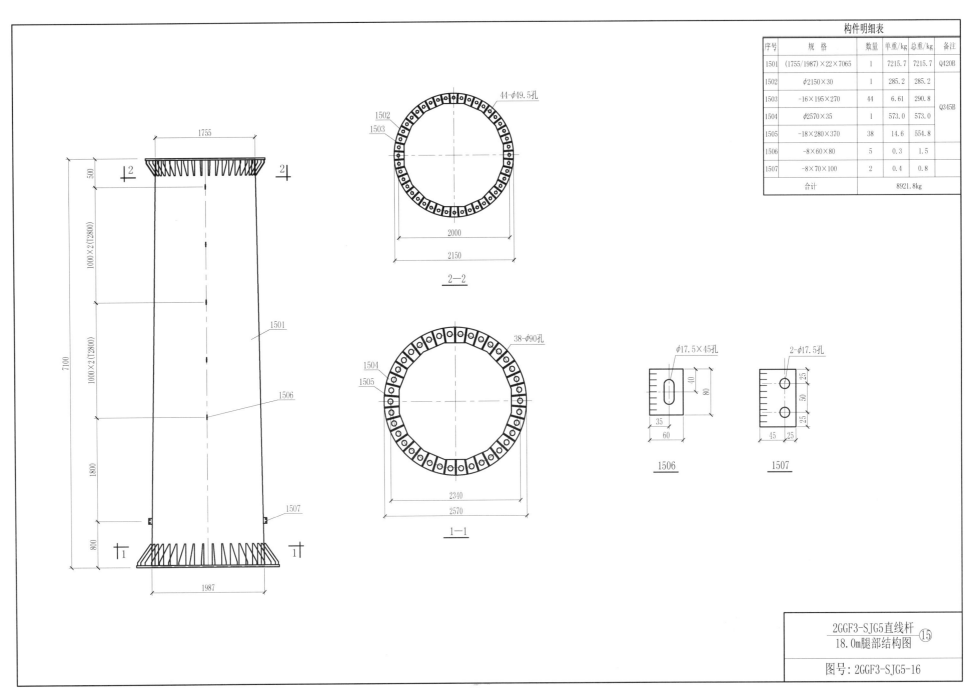

构件明细表

序号	规　格	数量	单重/kg	总重/kg	备注
1501	(1755/1987)×22×7065	1	7215.7	7215.7	Q420B
1502	φ2150×30	1	285.2	285.2	
1503	-16×195×270	44	6.61	290.8	Q345B
1504	φ2570×35	1	573.0	573.0	
1505	-18×280×370	38	14.6	554.8	
1506	-8×60×80	5	0.3	1.5	
1507	-8×70×100	2	0.4	0.8	
合计				8921.8kg	

44-φ49.5孔

1502
1503

2000
2150

2—2

38-φ90孔

1504
1505

2340
2570

1—1

1755

500
1000×2(2800)
1000×2(2800)
1800
800
7100

1987

1501
1506
1507

φ17.5×45孔

40
80
35
60

1506

2-φ17.5孔

25
50
25
45　25

1507

2GGF3-SJG5直线杆
18.0m腿部结构图　⑮

图号：2GGF3-SJG5-16

176

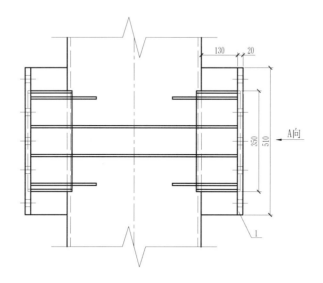

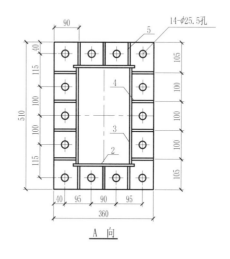

A向

A向

14-φ25.5孔

热镀锌防腐时,切角25×25

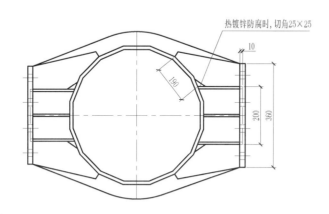

构件明细表

序号	规 格	数量	单重/kg	总重/kg	备注
1	-20×360×510	2	28.8	57.6	
2	-8×220	4	2.1	8.4	
3	-8×284	4	3.0	12.0	158.4kg
4	-8	8	3.6	28.8	
5	-8	12	0.7	8.4	
6	-8	4	10.8	43.2	

说明:
序号2、3、4、5尺寸以实际放样为准。

2GGF3-SJG5直线杆
地线横担①、②连接法兰

图号:2GGF3-SJG5-17

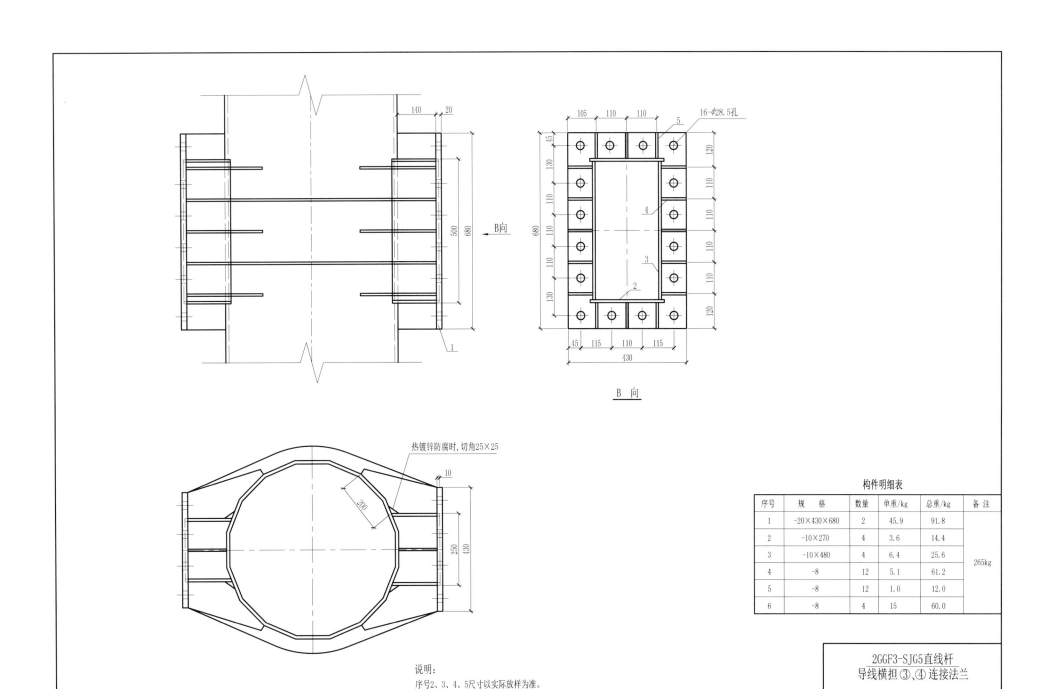

B向

B 向

热镀锌防腐时,切角25×25

构件明细表

序号	规 格	数量	单重/kg	总重/kg	备 注
1	-20×430×680	2	45.9	91.8	
2	-10×270	4	3.6	14.4	265kg
3	-10×480	4	6.4	25.6	
4	-8	12	5.1	61.2	
5	-8	12	1.0	12.0	
6	-8	4	15	60.0	

说明:
序号2、3、4、5尺寸以实际放样为准。

2GGF3-SJG5直线杆
导线横担③、④连接法兰

图号:2GGF3-SJG5-18

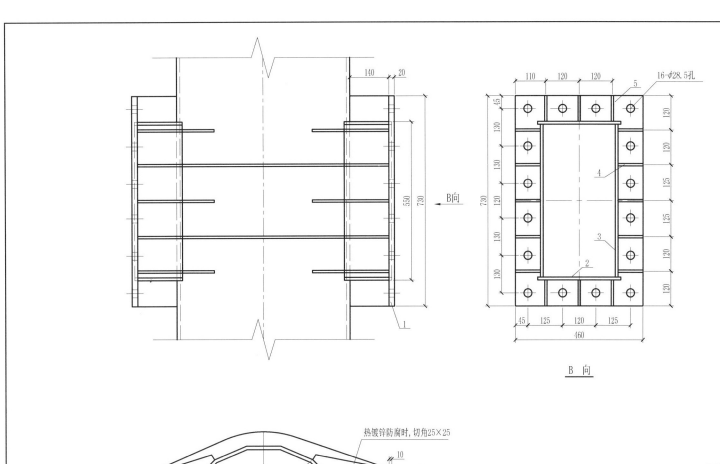

B向

16-φ28.5孔

B 向

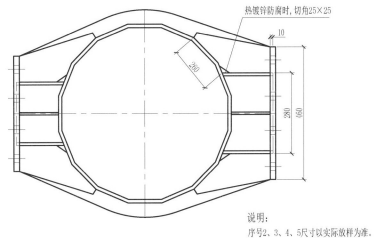

热镀锌防腐时，切角25×25

10

说明:
序号2、3、4、5尺寸以实际放样为准。

构件明细表

序号	规　格	数量	单重/kg	总重/kg	备注
1	-20×460×730	2	52.7	105.4	
2	-10×300	4	4.0	16.0	320.2kg
3	-10×530	4	7.1	28.4	
4	-8	12	6.6	79.2	
5	-8	12	1.0	12.0	
6	-8	4	19.8	79.2	

2GGF3-SJG5直线杆
导线横担⑤、⑥连接法兰

图号: 2GGF3-SJG5-19

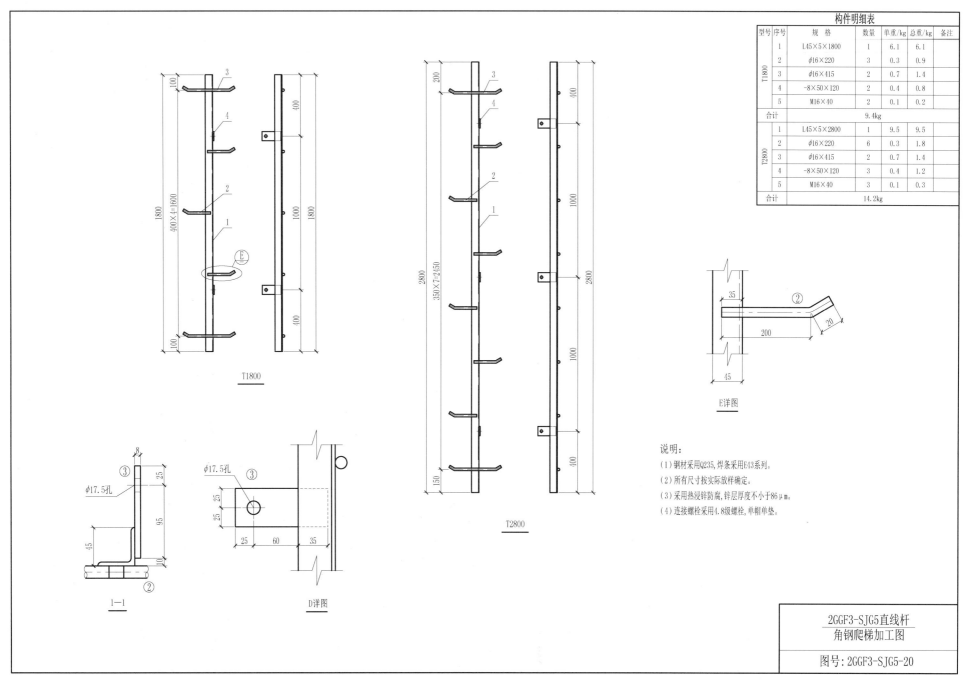

构件明细表

型号	序号	规　格	数量	单重/kg	总重/kg	备注
T1800	1	L45×5×1800	1	6.1	6.1	
	2	φ16×220	3	0.3	0.9	
	3	φ16×415	2	0.7	1.4	
	4	-8×50×120	2	0.4	0.8	
	5	M16×40	2	0.1	0.2	
合计					9.4kg	
T2800	1	L45×5×2800	1	9.5	9.5	
	2	φ16×220	6	0.3	1.8	
	3	φ16×415	2	0.7	1.4	
	4	-8×50×120	3	0.4	1.2	
	5	M16×40	3	0.1	0.3	
合计					14.2kg	

T1800

T2800

E详图

说明:
(1)钢材采用Q235,焊条采用E43系列。
(2)所有尺寸按实际放样确定。
(3)采用热浸锌防腐,锌层厚度不小于86μm。
(4)连接螺栓采用4.8级螺栓,单帽单垫。

1—1

D详图

2GGF3-SJG5直线杆
角钢爬梯加工图

图号:2GGF3-SJG5-20